槍　穂高　上高地

地学ノート

地形を知れば
山の見え方が変わる

地形写真家　竹下光士
信州大学 名誉教授　原山 智

山と溪谷社

はじめに

山を登る楽しみのひとつに、稜線や山頂で目にする眺望があります。その感想が「美しい」や「迫力がある」でも十分なのですが、山の成り立ちについて知っていれば、眺める景観に「時間」の感覚が加わります。これは地形写真家として大地と対峙する際に、いつも感じていることです。地形を見る時は造形の美しさや珍しさばかりでなく、今に至った過程の痕跡を探します。時間を巻き戻して成り立ちを想像してみることが、ヒントとなるのはよくあることです。写真家とは単に写真がうまい人をいうのではなく、他の人と違うものを見ている人をいいます。普通に眺めているだけではそうそう新しい発見や表現が生まれることはなく、被写体についての知識と考察を深めることで、見え方、すなわち撮り方が変わってくるのです。

南岳の礫岩でそれを例えてみましょう。南岳の山頂はひと抱えほどの大きさの岩で覆われていますが、しゃがみ込んでそれを間近で見ると、小さな石が寄せ集まってできた礫岩であることがわかります。含まれる石の種類は、花崗岩や砂岩、チャートとさまざまですが、実はそれらは南岳の東に連なる常念山脈や西の笠ヶ岳からもたらされたものです。そう、常念岳や蝶ヶ岳、笠ヶ岳の山体を作っている岩が、南岳の山頂に転がる礫岩に含まれているのです！なぜそうなったかは本編で触れますが、この事実を知っているだけで、南岳の山頂から常念岳や笠ヶ岳を眺める時の感想が変わってくるはずです。私は壮大な大地の輪廻を感じずにはいられません。

可憐な高山植物や愛らしい動物とは違い、無機質な岩や地形が発する声はとても小さく聞き取りにくいものです。でもそれをひとつひとつ丹念に拾っていくと、ある時突然、壮大なシンフォニーが響くように山々の営みが見えてきます。その素晴らしい体験の手伝いがしたく、山に登って写真を撮り、本書を書きました。幸いなことに企画のご相談に上がった信州大学の原山智先生には、共著者として学術的なサポートをしていただくこととなりました。本書で紹介している北アルプスの地質学的な成り立ちのすべては、先生が自らの足で調査し、解明されました。

メインの舞台に選んだ槍・穂高・上高地周辺には、造山から氷河による侵食まで、ドラマティックな要素がふんだんに揃っています。本書ではそれらを紹介しながら、地学的な山の眺め方を提案したいと思います。

竹下光士

もくじ

01

山を地質で眺めるということ

時間を巻き戻していくと、ひと連なりの山並みであっても、その一部が消えてしまうようなことが起こります。「山を地質で見る」とは、このような時間を旅する力だととらえると親しみもわいてきます。

皆さんは山を眺めている時にどこに注目しますか？　おそらく山頂や、そこに連なる山並みではないかと思います。地学的な視点で山を見る場合、それに加えて山の中身についても考えます。山を作る岩石名や、それができた年代を風景にオーバーラップさせています。「岩石の話をするとみんな引くから気をつけて」と原山先生には言われましたが、やはりここを避けては通れないので、ちょっと辛抱してください。

まず槍・穂高連峰周辺の山々ができた年代を、おおまかに4つのステージに分けてみました。できた年代もでき方もそれぞれ大きく異なります。砂や泥が水中で積もった堆積岩であったり、マグマが地下で固まったものであったりと、はっきりとした特徴があるので混乱することはありません。このあと本書で紹介するさまざまな事象は、たいていはこのどこかのステージに入ります。槍・穂高連峰の地史のあらすじだと思って読

西穂高岳から焼岳に続く稜線も、いくつかの異なる地質でできています

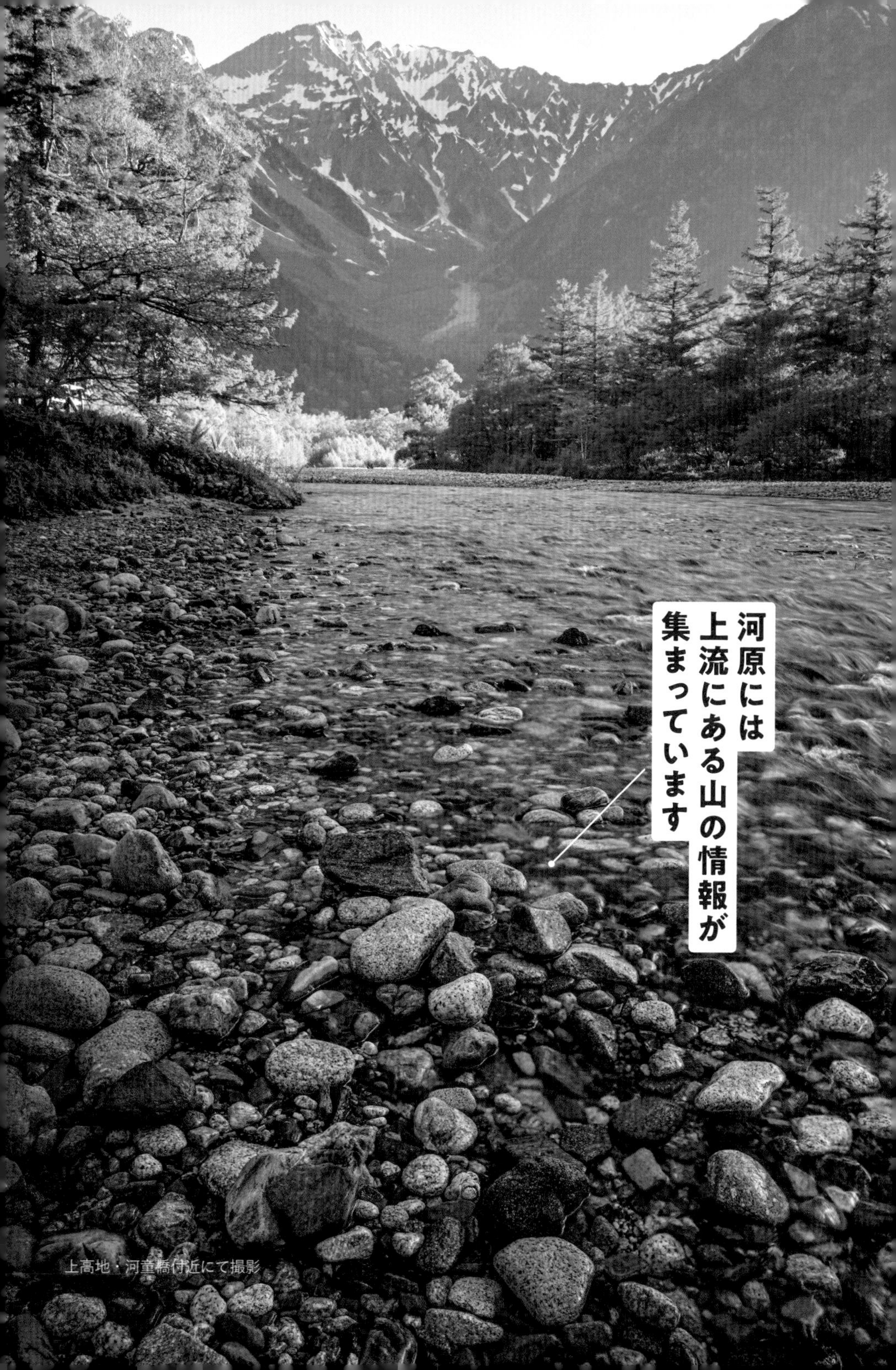
河原には
上流にある山の情報が
集まっています
上高地・河童橋付近にて撮影

槍・穂高連峰の生い立ちを4つの時代に分けます

まずここから!

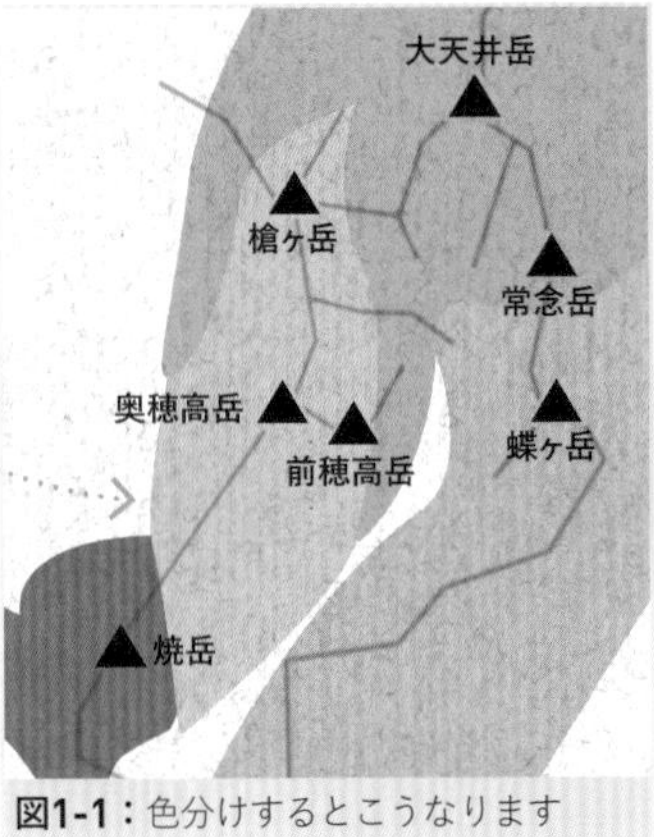

図1-1：色分けするとこうなります

ステージ①

約1億5000万年前～

土台をなす砂岩や泥岩などの堆積岩

地形や地質は古い時代になるほど、その状況を示す証拠が消えてしまいます。この堆積岩についてわかっていることは、ユーラシア大陸の大地として生まれ、今は蝶ヶ岳から南側の山となっていることです。写真は蝶ヶ岳で撮った砂岩礫です。寒気によって割られ（凍結破砕）、礫の海のように広がっています。

ステージ②

約6400万年前～

常念岳や屏風岩を作る花崗岩

約6400万年前、ステージ①の地層の中へ地下から大量のマグマが上昇してきました。今はともに常念山脈として並んでいますが、その境目あたりには高熱のマグマによる「焼いた」「焼かれた」の関係が見られます。写真は常念岳山頂の花崗岩です。地下でマグマがゆっくり冷えてできたので、一辺が大きい四角い割れ目（方状節理）が見られます。

ステージ③
約176万年前~

槍・穂高を作る火山岩

大陸東岸が分離して新たに日本列島ができた後のことです。列島中部には、将来、常念山脈となる花崗岩や堆積岩、その西側には、笠ヶ岳となる火山岩がありました。そのちょうど中間で巨大カルデラ噴火を起こしたのが槍・穂高火山です。隆起速度が速く、火山らしい姿はすでに侵食されてありませんが、岩石がその成り立ちを教えてくれました。写真は前穂高岳山頂で撮影した溶結凝灰岩の岩屑です。

ステージ④
約12万年前~

現役活動中の焼岳火山群

焼岳火山群はその活動期から旧期と新期に分けられており、焼岳自体の活動は約2万年前から始まり、新期に属します。また気象庁が定める活火山の定義「概ね過去1万年以内に噴火した火山及び現在活発な噴気活動のある火山」に該当することから、焼岳とアカンダナ山は活火山として選定されています。大正池から見ると落ち着いたたたずまいの焼岳ですが、実際に登ると現役の活火山であることを肌で感じます。

んでください。

ステージ① 約1億5000万年前～ 土台をなす砂岩・泥岩などの堆積岩

槍・穂高周辺では最古参の岩石群で、土台のような存在です。岩石の種類は深海底に堆積した砂岩や泥岩、チャート（海中に生息する微生物の死骸が堆積してできた岩石）からなる堆積岩です。蝶ヶ岳から徳本峠周辺の山がこれらの岩石からできており、梓川沿いの登山道では明神から横尾の間で見られます。約1億5000万年前、日本列島はまだ存在せず、ユーラシア大陸東岸の一部でした。これらの堆積岩も大陸の大地として誕生したのです。

ステージ② 約6400万年前～ 常念岳や屏風岩を作る花崗岩

次は約6400万年前に生まれた花崗岩です。花崗岩は地下深くにたまったマグマが噴火せず、そのままゆっくりと冷えて固まることでできた岩石です。今の日本列島全体の地質図を見ると、西日本から中部地方にかけての中央構造線の北側には、約1億～6000万年前に生まれた花崗岩が広範囲に分布しています。ちょっと通常ではない広がり方で、これは地下で大量のマグマが生成されるような地球規模の大事件があったことを示唆しています。その最有力とされる説が、2枚の海洋プレートの境目が、のちに日本列島となる地質の下を通過したというものです。図1−2はそれをイメージ化したもので、プレートの境目からはマントルの高熱が遮るものなく伝わるので、その通過時に大量のマグマが作られたのです。それから時を経ること約6400万年、大量のマグマは巨大な花崗岩の岩体へと姿を変え、今では地上の広範囲に現れています。上高地周辺では、前穂高岳東面にある奥又白谷周辺から屏風岩、横尾尾根を経て常念岳まで広がっています。さらにその連なりは常念山脈を北上し、燕岳から後立山連峰へと続いています。

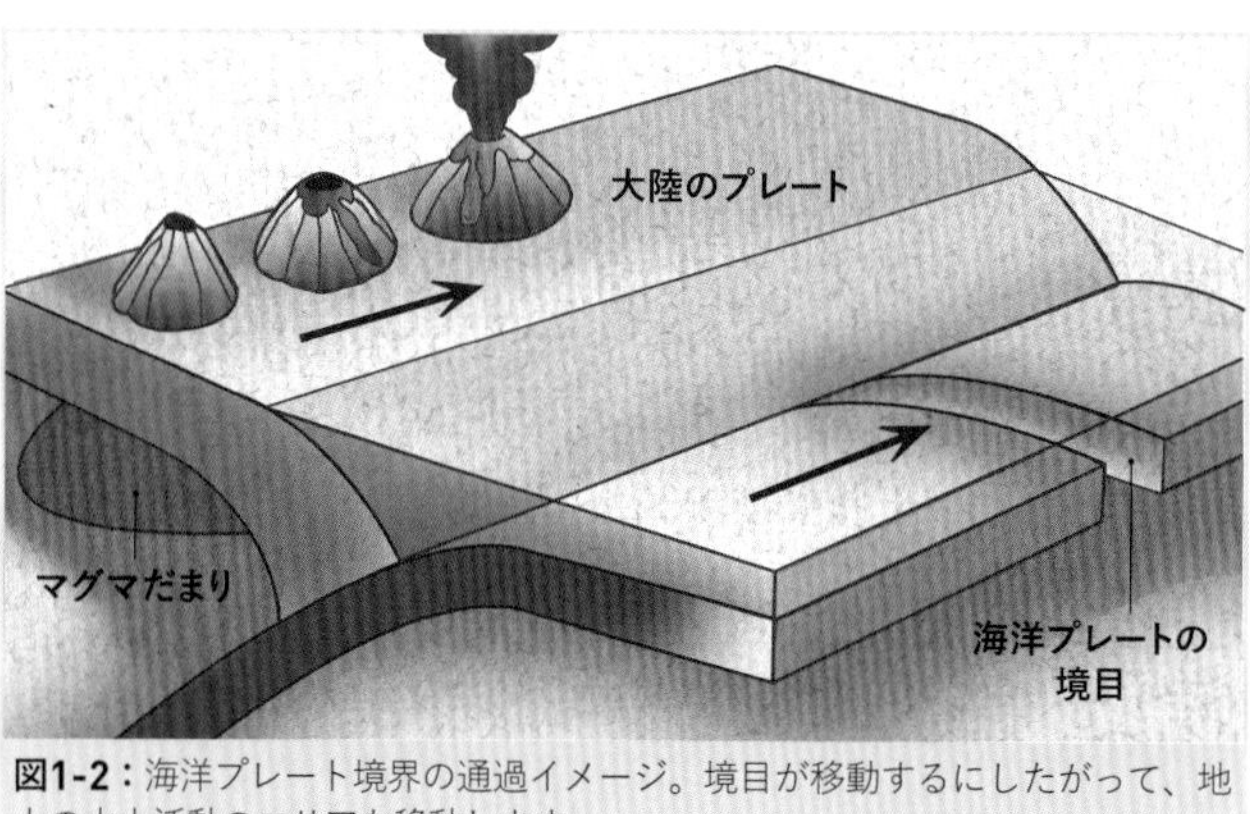

図1-2：海洋プレート境界の通過イメージ。境目が移動するにしたがって、地上の火山活動のエリアも移動します

常念岳と蝶ヶ岳の間にある「2521mピーク」。このあたりがステージ①と②の境界です

常念岳山頂から見た北側の山並みです。遠くまでステージ②の花崗岩からなる山が続きます

ステージ③
約176万年前～槍・穂高連峰を作る火山岩

3番目は本書の主役である槍・穂高連峰を作る火山岩群です。すべてひとつのマグマから生まれた岩石ですが、噴火後に火山灰が高熱により固まったもの（溶結凝灰岩）や、岩体の割れ目に入り込んだマグマが冷えたもの（岩脈）など、その成因により見た目や性質は大きく異なります。またこれらの岩石群を作った大元のマグマ自体もすでに冷えて地表に現れており、この岩石もステージ③に入れています。

槍・穂高連峰の誕生についてはこの後じっくり解説するとして、ステージ②と③の間には、「日本列島の誕生」という私たち日本人にとって重大な出来事が起きています。約2500万年前、ユーラシア大陸の東沿岸部の内陸に大きな亀裂が入り、その東側が島として分離し始めます。そして約1500万年前に、今私たちが生活するこの場所まで移動し、静止したのです。日本列島の地形・地質について考える時、この「約1500万年前」という数字はとても重要な意味を持ちます。それ以前の出来事ならユーラシア大陸時代に起きたこと、それ以降のことならこの場所で起きたこととなるからです。常念岳や蝶ヶ岳は大陸生まれの岩石からできた山ですが、槍・穂高連峰は生粋の信州・飛騨生まれの山と言えます。

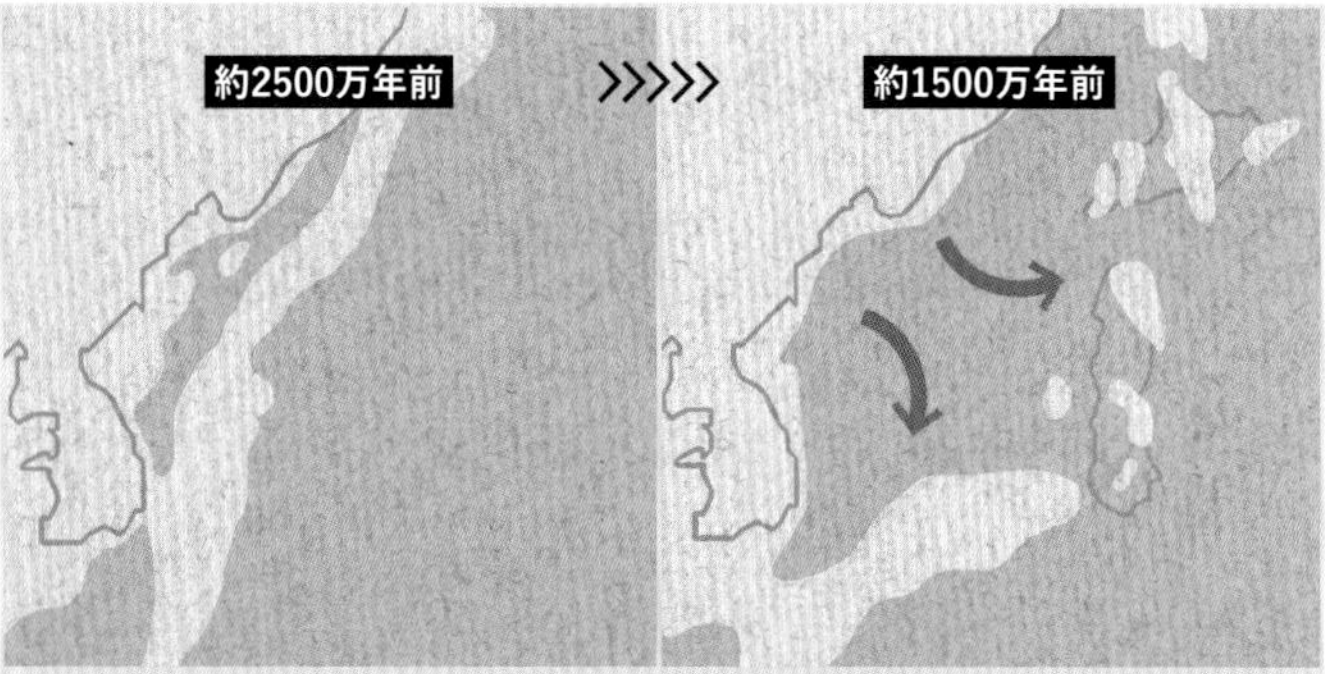

図1-3：日本列島誕生の略図。大地の裂け目は少しずつ拡大し、約2500万年前に細長い湖になります。その後、分離した陸地は、観音開きのような動きをしながら移動し、約1500万年前に現在の日本列島があるこの場所で静止しました

ステージ④
約12万年前～現役活動中の焼岳火山群

最後は、約12万年前から活動が始まった焼岳火山群です。休止期間を挟みながら、現在も活動継続中です。

今は地続きでひとつの山並みに見えても、時間をさかのぼることでその姿の一部は忽然と消えてしまいます。山の名前や稜線の連なりではなく、地質のつながりで山々を眺められるようになると、時空をさかのぼる山旅が可能になるのです。

日本列島の土台「付加体」

日本列島の成り立ちを考える上で最重要となる言葉が「付加体《ふかたい》」です。地球表面は複数の「プレート」と呼ばれる岩盤で覆われていますが、陸のプレートの下に海のプレートが潜り込む場所では、陸からの砂・泥に加え、海のプレート上に堆積した微生物の遺骸、火山島の残骸やサンゴ礁などが剥ぎ取られ、大陸側のプレートの縁に押し付けられています。図1-4はその様子をモデル化したものですが、これが「付加体」です。付加体は海のプレートが沈み込みを続ける限り成長し、古いものから少しずつ押し上げられ、海上に現れて新たな陸地として再出発します。

日本列島の地質は、日本海側から太平洋側に向かって順に新しくなっていくのですが、しばらくその理由は謎とされていました。しかしそれも付加体の形成プロセスが解明されたことで一気に解決しました。そう、日本列島の土台のほとんどはこの付加体からできているのです。それらが付加したのは、約4億〜2000万年前のユーラシア大陸の東岸でのことです。上高地周辺では、「ステージ①」として紹介した堆積岩のすべてはこの付加体です。「美濃帯」と呼ばれる地質帯に属し、槍・穂高連峰のみならず、日本列島の土台の一部なのです。

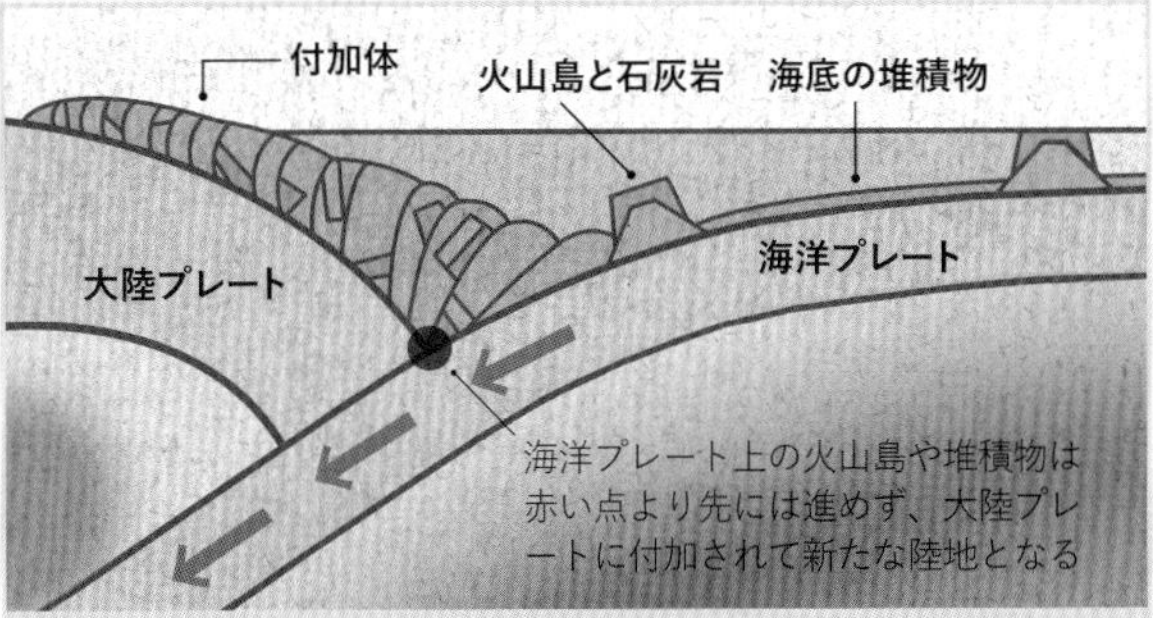

図1-4：付加体形成の略図。画面右からの海洋プレートの動きに沿って視点をスタートさせると、付加体のできる様子がわかります。赤丸からは徐々に海上へと成長する付加体をイメージしてください

大陸プレートに付加された時にできた褶曲。蝶ヶ岳の山体の中もこのようになっているのかも。沖縄県名護市にある嘉陽層の褶曲

02

地質図を片手に上高地散策

地図を見慣れている登山者にとって、地質図を見ることはそれほど難しいことではありません。試しに上高地から明神まで、地質図と登山道に転がる石を交互に見ながら歩いてみましょう。

地質図は、表土（建造物や植生なども含む）の下にある岩石の種類と分布が色分けされた地図で、これを見ると足元の岩の名前やその広がりが一目瞭然です。ただし地質図自体は土木や防災といった地質のプロ用に作られているので、表示される岩石名などはかなり細かく分類されています。記載されている情報を真正面から受けても何もわからないので、「花崗岩」や「砂岩」など、知っている岩石名にだけ着目すればよいでしょう。

地質図は産業技術総合研究所（産総研）内にある地質調査総合センターが発行しているもので、槍・穂高連峰の地質図は、5万分の1の地形図をベースにした「上高地」と「槍ヶ岳」の2枚でカバーします。実際に山に登り調査をして、この2枚の地形図にまとめたのが原山先生です。想像してみてください。現場で採取した岩石は、組成やできた年代まで特定するので必ず研究室まで持ち帰ります。登山装備に加えて、調査のための機材と、試料となる重い岩を持って山を歩かなければならないのです。しかも一般登山道はもちろん、滝谷の岩壁や北鎌尾根などのバリエーションルートはまだ楽な方で、人が入らない尾根や沢も調査されています。私は写真家として自分が撮った場所について詳細に覚えている自信がありますが、槍・穂高に関しては、その精度と細かさでは原山先生にとても太刀打ちできません。それは地質図を見ると納得できます。図面に地質区分されたすべての箇所の岩を見て触れておられるのですから。

上高地~明神（上）、明神~徳沢（下）にて撮影

本書では、登山中に地質についての理解をより深めてもらうために、産総研が発行している地質図と登山地図を重ねたオリジナルのものを作成しました。主だった岩石もなるべく簡易な名前にして表記しました。岩の種類が変わると登山道の色も変わる、このようなシンプルな発見と確認から、地形・地質の山旅を始めたいと思います。

観察ポイント① 河童橋
あの有名な絶景も地質から見ると…

河童橋からスタートしましょう。ここから眺める穂高連峰と焼岳火山群は日本を代表する絶景のひとつですが、双方の生まれた年代に大きなずれがあることは前章で話しました。今はひと続きの山脈に見えていても、そのどこかに地質の境界があるということです。地形の見た目の連なりと地質の区分は一致しないことを知

岳沢湿原から眺める六百山。険しい顔つきは穂高と瓜二つです

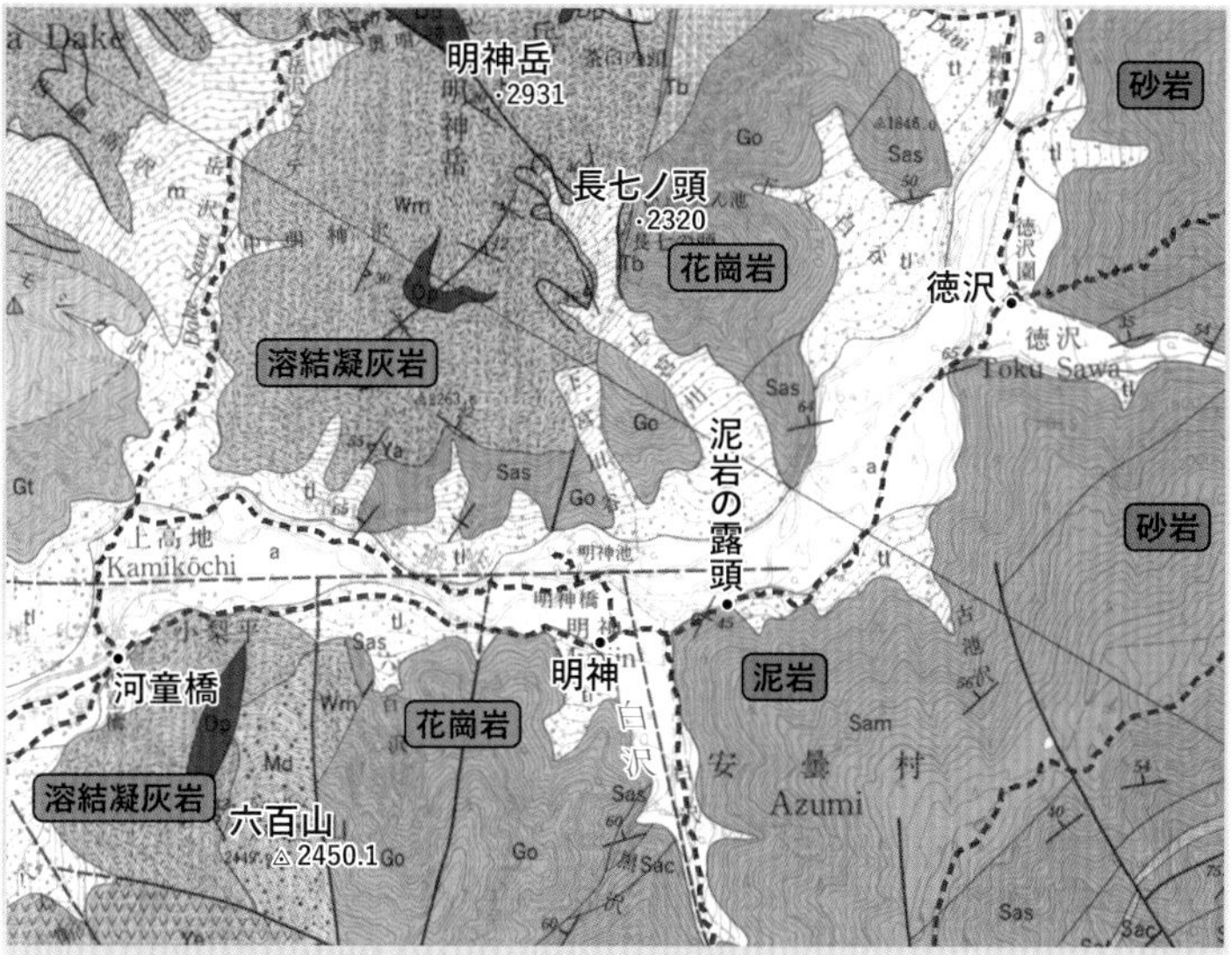

図2-1：梓川沿いの地質図。参考資料②抜粋して作図

っておく必要があります。

同じような例が、この絶景のなかにもうひとつあります。河童橋のたもとにある五千尺ホテル上高地の真上にそびえる山をご存じでしょうか。蝶ヶ岳から続く常念山脈の一座、標高2449・9mの六百山です。河童橋からは近過ぎて引きがないため、あまり目立つ存在ではありませんが、なかなか険しい姿をした岩峰です。

それもそのはず、実はこの六百山と穂高連峰は「溶結凝灰岩」という同じ岩石からできています。これは地質図でも確認できます。そう聞くと、谷を隔てた二座は、かつて稜線でつながっていたのかと思ってしまいますが、そうではありません。約140万年前、地中にあった溶結凝灰岩の巨大な岩体が隆起を始めます。しかしその真上を梓川が流れていたため、隆起する端からその表面は削られ、やがて穂高連峰と六百山という二つの山と、その間に上高地の谷ができたのです。タネ明かしをすれば「なんだ」と言いたくなるような簡単な答えですが、目の前に山があるとその大きさに惑わされてしまい、なかなかこのような発想につながらないものです。

このように同じ山並みでも地質が違っていたり、深い谷を挟んだ両岸の山が同じ岩石であったりと、河童橋からの有名な絶景ですら、地質に着目することで目に見えない物語が隠れていることがわかります。

観察ポイント②
明神までの登山道 花崗岩エリアに入る

先に進みましょう。ここからは足元の石に注目しながら歩くことにします。しばらくは穂高岳と六百山を作る溶結凝灰岩の灰色の小石が多く見られますが、小梨平のカラマツ林

が途切れるあたりから次第に道の色が白色へと変わります。この石は、前章のステージ②で紹介した約6400万年前に生まれた花崗岩です。地質図（図2−1と巻末の地質図②）でその分布を確認すると、ピンク色に塗られた花崗岩が、常念岳から屏風岩、明神岳の中腹を通り、梓川を越えて霞沢岳方面にまで帯状に続いていることがわかります。

花崗岩は墓石やビルの外壁などに幅広く石材として利用されているので、私たちにとって身近で見慣れた岩石だと思います。無色透明の石英、乳白色の長石、黒い雲母からなる岩肌は、例えるならゴマ塩おにぎりのようです。地下深くでゆっくりと冷えてできたので、それぞれの鉱物の粒が大きく揃っているのが特徴です。

登山道の石ばかりでなく、山から流れ込んで来る沢の石にも目を向けましょう。河童橋付近の河原には、上流にそびえる山々から運ばれて来た岩石が集まるので、さまざまな種類のものが見られます。しかしこのあたりの上流はほとんど花崗岩でできているので、沢の岩もほぼ花崗岩の白一色です。特に明神に到着する直前にある下白沢は、花崗岩が風化してできた白い砂が大量に谷からあふれ出し扇状地を作っています。晴れた日にここを通過する時は、相当な眩しさを感じるほどです。

花崗岩。下白沢にて撮影

明神手前にある下白沢。花崗岩の白い砂があふれ、登山道を覆っています

観察ポイント③ 穂高エリアの最古参 付加体と出会う

散策のゴールは、明神から徳沢側に少し行ったところにある泥岩の露頭（地質が現れている崖）にします。明神を通り過ぎるとすぐに白沢に架かる橋を渡りますが、ここでも河原の石の色を確認しておきましょう。左上の写真がそこで撮ったものですが、白沢の河原は花崗岩の白一色で

白沢の河原。花崗岩と砂岩・泥岩が半々に混じっています

はなく、濃い灰色をした泥岩と淡灰色の砂岩が半分程度、混ざっています。実際、地質図を見ると、白沢上流には泥岩と砂岩の存在が記されており、河原の石が上流の地質を反映していることを実感します。

白沢を渡り徳本峠との分岐を過ぎると、登山道の色も花崗岩の白から泥岩の暗灰色に変わります。前章のステージ①、約1億5000万年前の堆積岩のエリアに入ったのです。地質図で確認しましょう。泥岩の露頭は、分岐から5分程度歩いたところにある小さな崖です。「落石注意」の看板があり、木道で登山道の道幅を拡張してあるので、それらが目印となります。山の斜面は草木が生い茂り、表面は粘土で覆われていることが多く、観察はどうしてもこのような斜面が崩れたところになります。落石には十分注意してください。崖に現れる岩石は細かく割れているの

1 泥岩が見える露頭。
2 崖下に落ちていた泥岩。薄く剥がれるように割れることから「頁岩（けつがん）」と呼ばれることもあります。
3 これからは足元や斜面の岩石にも気を配って歩きましょう

でわかりにくいのですが地層が見られます。海中では水平だった地層が、ここでは垂直方向に立ち上がっています。大陸の縁に押し付けられた時のものかは断定できませんが、何か強い力で押されたことは明らかです。このあたりの登山道で確認できる地層はここだけですが、おそらく蝶ヶ岳から徳本峠にかけての山体の中身は、このように地層がうねっていると思われます。

ここから徳沢の先までの登山道は梓川の氾濫原を通るため、さまざまな種類の丸い小石が混在する河原のような表情に変わります。地質図では礫・砂・泥からなる「河川堆積物」という扱いです。横尾に近づくと再び泥岩の上を歩く道となります。穂高や槍ヶ岳の行き帰りでは、周りの景色に加えて、足元の岩にも少し気を配って歩いてみましょう。

微生物から生まれたチャート

「チャート」という名の岩石をご存じでしょうか。陸から離れ、砂や泥の粒が漂わないような遠洋の深海底で、放散虫などのプランクトンの死骸が降り積もってできた岩石です。非常にゆっくりと堆積するので層としての厚みはありませんが、海洋プレートのほぼ全面に層が広がるので、岩石としてはどこでも見られるほどメジャーな存在です。梓川沿いの登山道では横尾から槍沢の一ノ俣の間でよく見かけます。露頭としてわかりやすいのは、横尾大橋を渡り涸沢方面に20mほど行った右手にあります（図2-2）。チャートは釘やカッターナイフの刃先を押し当てても傷がつかないほど硬く、山では急峻な岩壁や岩峰になります。蝶ヶ岳の稜線に「蝶槍」と呼ばれる尖った高まりがありますが、これもチャートからできています。

横尾大橋のたもとにあるチャートの露頭。5cm程度の層の重なりが見えています

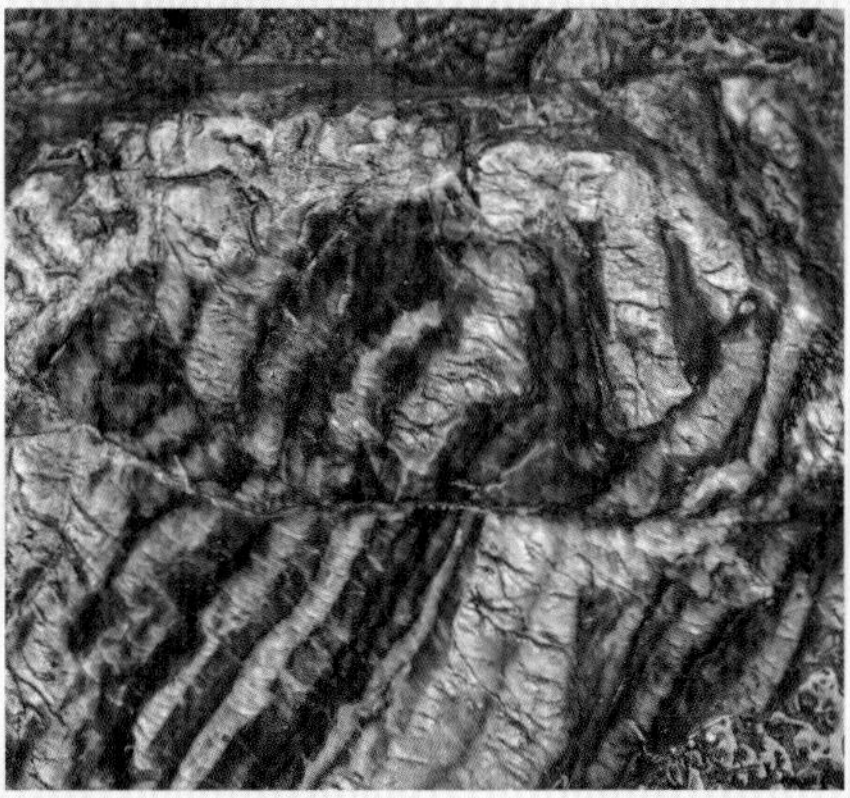

濡れたチャートの岩肌。粒状性はなく独特の透明感があります。雨に濡れるとよりはっきりします

図2-2：横尾周辺のチャート（オレンジ色）。付加される際に細かく引きちぎられたのか、分散して見られます。参考資料②抜粋して作図

地質探偵ハラヤマのコラム①

5万分の1「上高地」地質図幅の作成

地質図って何？

地質図や地質図幅と聞いても、具体的なイメージを描ける人は少ないでしょうね。地質図は、表土の下の岩石や地層がどんな種類で、どのように分布しているかを示した図面です。重要な点は、岩石や地層の種類を区分しただけではなく、それらの形成順序を反映した時代区分がなされている点です。

地質図幅とは

また地質図幅とは緯度線と経度線で区切られたほぼ長方形の区画内の地質情報を取りまとめた図面のことで、日本では経産省傘下の産業技術総合研究所の地質調査情報センターから発行されています。なかでも数百日に及ぶ現地踏査と室内研究を経て作成される5万分の1地質図幅は、地質情報に関する国土基本図と言うべき存在です。

5万分の1「上高地」地質図幅

具体例として5万分の1地形図「上高地」の範囲の地質図幅を見てみましょう（図1）。地紋と多色刷りで表示された中央の地質平面図と、下に3本の地質断面図があります。左右には凡例96マスが右下（最古）から右上、左下から左上（最新）へと時代順に配置され、色・地紋だけでなく凡例に付された略号によっても地質平面図との対応がつくようになっています。「上高地」図幅は縦の緯度が10'（分）、横の経度が15'（分）で、それぞれ19㎞と22・5㎞になるので、面積は428㎢になります。横浜市の面積が438㎢なので、それよりちょっと小さいですが、「上高地」図幅は山岳地域で高低差が大きい（標高3190〜744m）ので、たぶん表面積は横浜市をしのぐでしょう。

図1：「上高地」地質図幅　中央に地質平面図、下部に地質断面図、左右には略号の付された凡例が時代順に右下（最古）から右上、左下から左上（最新）へと並べられている

作成経緯

5万分の1地質図幅「上高地」（P174引用文献①）は、1990年に工業技術院地質調査所（当時）から発行されました。著者は私一人ですが、これは当時の地質図幅研究部門の上司の指示によるもので、他の地質図幅は複数の研究者が得意分野を担当して作成するのが通例となっています。

なぜ一人で調査・執筆をするように指示されたのかって？　それは私の卒業論文や大学院時代の研究対象が「上高地」内の笠ヶ岳や槍・穂高連峰であり、すでに200日を超える現地踏査を行っていたことと関係があります。某上司は、私が研究対象にこだわりが強く取りまとめに時間がかかると予想し、他の研究者を巻き込んで業務に支障をきたしたくない、と考えたからのようです。某上司の判断は正しかったと思います。

1982年から始めた5万分の1地質図幅「上高地」は1985年までの4年間で300日近い野外踏査を行い、1986年からは地質平面図、断面図、凡例の印刷原図作成と解説書（地域地質研究報告）

の執筆に取りかかりました。解説書には区分された地層や岩石ごとに模式地・産出状況・岩相（特徴）・化石や地質年代などを記述していきますが、岩相については薄片観察などの確認作業が、地質年代については化石の鑑定依頼や放射年代測定依頼のための試料処理が伴います。さらに「上高地」以外の5万分の1地質図幅「御在所山」（1989、引用文献②）の分担執筆作業が並走し、また北隣の「槍ヶ岳」の現地踏査が1987年から始まっており、これら優先度の高い仕事の合間を縫ってようやく「上高地」の取りまとめに集中できたのは1988年の後半だったと思います。

野外踏査の実際

地形図作成がレーザー測量やGPSの導入により迅速化と精密化が行われているのに比べ、地質図の作成はいまだに現地調査が重要な役割を果たしています。植生の乏しい乾燥地帯や山岳地域では、岩盤や地層がそのまま現れていることもありますが、日本のような植生の多い地域では地盤や岩盤が現れやすい川沿いや尾根沿いの踏査が必要になります。そうした岩盤・地盤の露出する割合は決して高くなく、平均的な日本の山地では全表面積の数パーセント以下でしょう。

地質図幅「上高地」では登山道沿いの踏査から始まり、バリエーションルート、冬山登山ルート、5～6月の残雪期の谷沿い踏査と進め、最後どうしても必要な場合に限って滝谷一尾根や屏風岩の一ルンゼなどの岩登りルートを山仲間やガイドさんととも

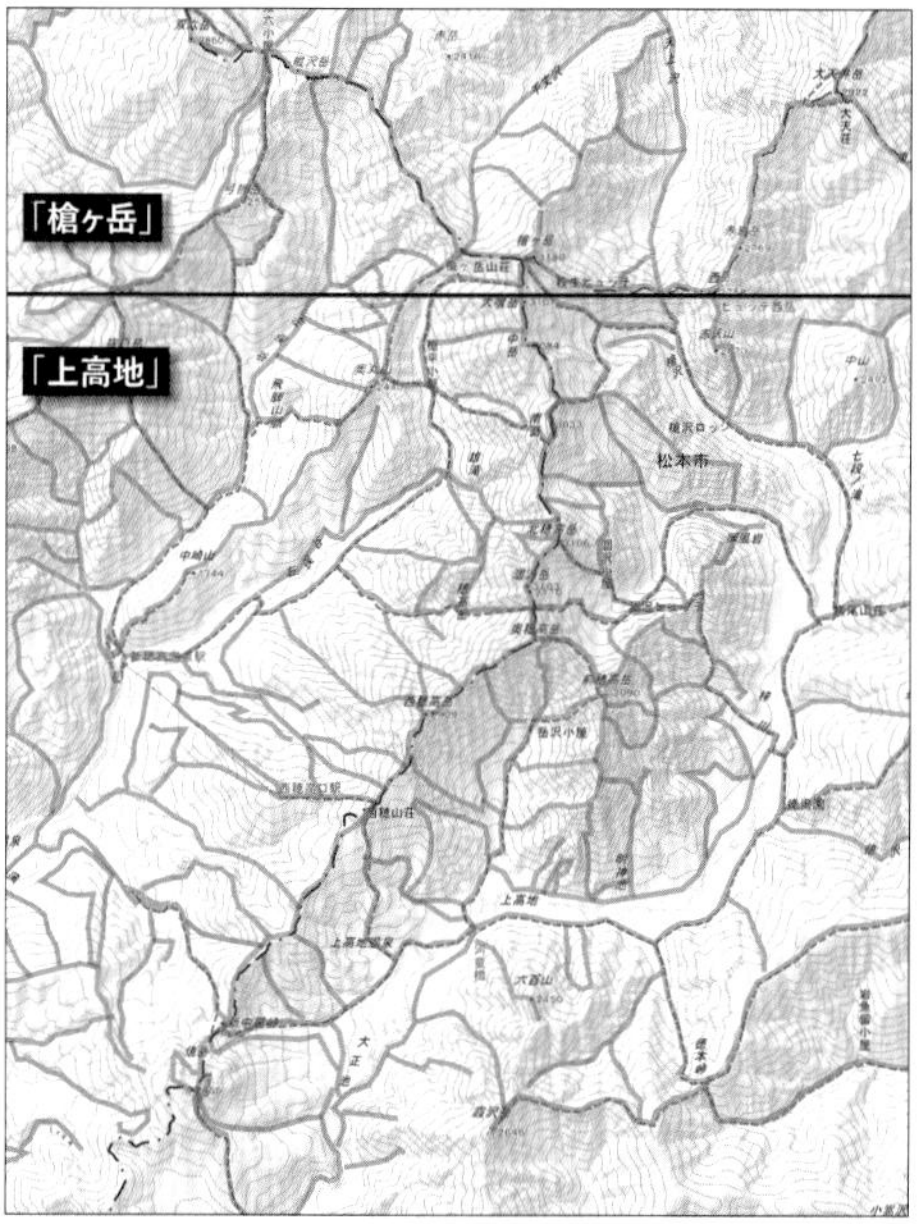

図2：槍・穂高連峰領域の地質踏査ルート　登山道沿いの調査から始まる地質踏査は、バリエーションルート、残雪期の沢沿いと進み、最終的に必要と判断した場合は滝谷や屏風岩の岩登りルートをガイドさんとたどった

に登りました。こうした踏査ルートのうち、槍・穂高連峰領域の地質踏査ルートを図2に示します。

それでも地表踏査のデータはルート沿いに限定されるので、観察できていない空白域は周囲のデータから推定した部分が多いことになります。しかし従来の槍・穂高連峰の地質図は、ほぼ登山道沿いのデータのみから作成されていたので、それに比べると格段の進歩だったと思います。氷河地形の研究者など現場の踏査を行っている研究者からは、ようやく信頼できる地質図に巡り合えた、と言われて大変嬉しい思いをしたことがありました。

「上高地」地質図幅に始まり、「槍ヶ岳」「立山」と北アルプスの中軸部の地質図幅の踏査と出版ができたことは、私にとって大きな財産です。今や大学では山岳域の地質調査を行える人材は減少し、仲間うちでは〝雷鳥よりも厳しい絶滅危惧種〟などと自嘲気味に言っています。短期間で多くの論文成果を求める現行の評価基準からすると、若手研究者にとって山岳域のフィールドワークはとても割に合わない研究なのでしょう。社会全体からすると大きな損失だと思うのですが、皆さんはどう思われますか？

地質図幅「上高地」での発見

この地域は、日本最古の化石（約４億５０００万年前）を含むオルドビス紀の地層や蒲田川結晶片岩、ジュラ紀付加体、白亜紀火成岩、焼岳火山など時代を異にする多種多様な地質から構成されており、明治時代から多くの研究者が訪れていました。そうした研究の空白域を埋める踏査によって発見されたのは、笠ヶ岳と槍・穂高連峰にあったカルデラ火山の存在です。両者はともに長い年月の侵食作用を受けて外輪山などの火山地形は失われています。しかしカルデラ形成時の断層によって囲まれた領域内に、３０００ｍを超える分厚い火山岩層が見出されたことで、陥没を伴うカルデラ火山だったことが明らかになったのです。笠ヶ岳カルデラは白亜紀の末期、槍・穂高カルデラは古第三紀（約４６００万年前）と形成時期に新旧があると判断しましたが、後者の年代については、その後ドンデン返しが待っているとは、１９９０年当時は全く予想できていなかったのです。この経緯は「第四紀花崗岩の発見」のコラム（Ｐ０７０）で詳しく述べることにしましょう。

03

穂高を作る岩石 溶結凝灰岩を知る

穂高岳を作っている岩石は「溶結凝灰岩」です。各ピークはもちろん、それらをつなぐ縦走路もすべてこの岩石からできています。溶結凝灰岩について知ることが、穂高誕生のドラマをひも解く鍵になります。

　地質図に載る正式名称は「前穂高岳溶結凝灰岩」ですが、最初の「前穂高岳」は岩石の模式地（その岩石のスタンダードな姿が見られる場所）を示しており、そこでしか見られないという意味ではありません。私が穂高の地形・地質に関心を持ち始めた頃は、穂高を作る岩石は「ひん岩」であるとされていましたが、1990年に地質図「上高地」が発行されたことで、一気に情報が刷新された感じがしました。ただ当時はインターネット環境などは普及しておらず、解説の高難度な専門用語の嵐に打ち負かされて、すごすごと退散するしかありませんでしたが…。

　穂高の溶結凝灰岩の見た目の特徴は、青緑系の少し暗めの灰色をした下地（基質《きしつ》といいます）に、白い四角形をした「斜長石《しゃちょうせき》」と呼ばれる鉱物の結晶が多数浮いています。下地に結晶は見られませんが、これは溶けた火山灰が急冷されたためにそこまで育たなかったからです。これは火山岩特有の特徴で、結晶がまだら

穂高を作る溶結凝灰岩

踏む岩、触れる岩、
すべて溶結凝灰岩です

涸沢パノラマコース（上）、北穂〜涸沢岳（下）にて撮影な状態なので「斑状組織」といいます。対して花崗岩のように地下深くでゆっくり冷えた岩石は、マグマがすべて結晶になるので「等粒状組織」と呼んでいます。火成岩の種類を見分ける時の最初のチェックポイントです。

できれば穂高の溶結凝灰岩の特徴を覚えてしまいましょう。本書ではこの後、何度もこの岩石を確認する場面が出てくるからです。ただし登山道沿いの岩は、風化による変色や地衣類に覆われるなどして、判別がしづらくなっています。観察は、落石などの新鮮な断面を探して行うようにします。地質学者がハンマーで岩を割るのはこのためです。

溶結について知ることがポイント

普通の「凝灰岩」なら、その字面からも、堆積した火山灰が固まってできたということがわかります。では「溶結」についてはどうでしょう。溶結凝灰岩は、降り積もった火山灰が自らの熱と重さによって固まってできた岩石です。この「溶結」という文字の印象からか、降り積もった火山灰がマグマのようにドロドロの状態になると思われるかもしれませんが、原山先生によると実際はそうではないそうです。火山灰自体はガラスと同じ成分でできており、それが厚く堆積し温度が高いことで軟化し、重みが加わることで密着度が増す、という過程だそうです。

地衣類に覆われる涸沢岳稜線の岩肌。これでは岩の種類はわかりません

落石などの断面にのぞく新鮮な岩肌を観察します

溶結凝灰岩を見分けるには、岩肌にレンズ形の模様の有無を調べます。これは火山灰と一緒に噴出した軽石が、溶結時に熱で押しつぶされて変形したもので、この岩石にしか見られません。球形だった軽石が扁平になったその姿を見ると、熱による火山灰の圧縮のすごさを感じます。

桜島の噴火による降灰で鹿児島市内が白くなっているニュース映像を見ることがありますが、あのような降灰では、当然のことですが溶結は起きません。溶結するためには高温の火山灰が膨大に積もる必要があります。それを引き起こすのが火砕流です。火砕流とは高温の火山ガスと大量の火山灰や軽石などが混然一体となって高速で地表を移動する現象で、日本では1991年に発生した長崎県・雲仙普賢岳での火砕流災害が記憶に残ります。ただこの時の火砕流は普賢岳山頂にできた溶岩ドームが崩落して発生したもので、規模としてはとても小さく、降った火山灰が溶結するようなことはありませんでした。

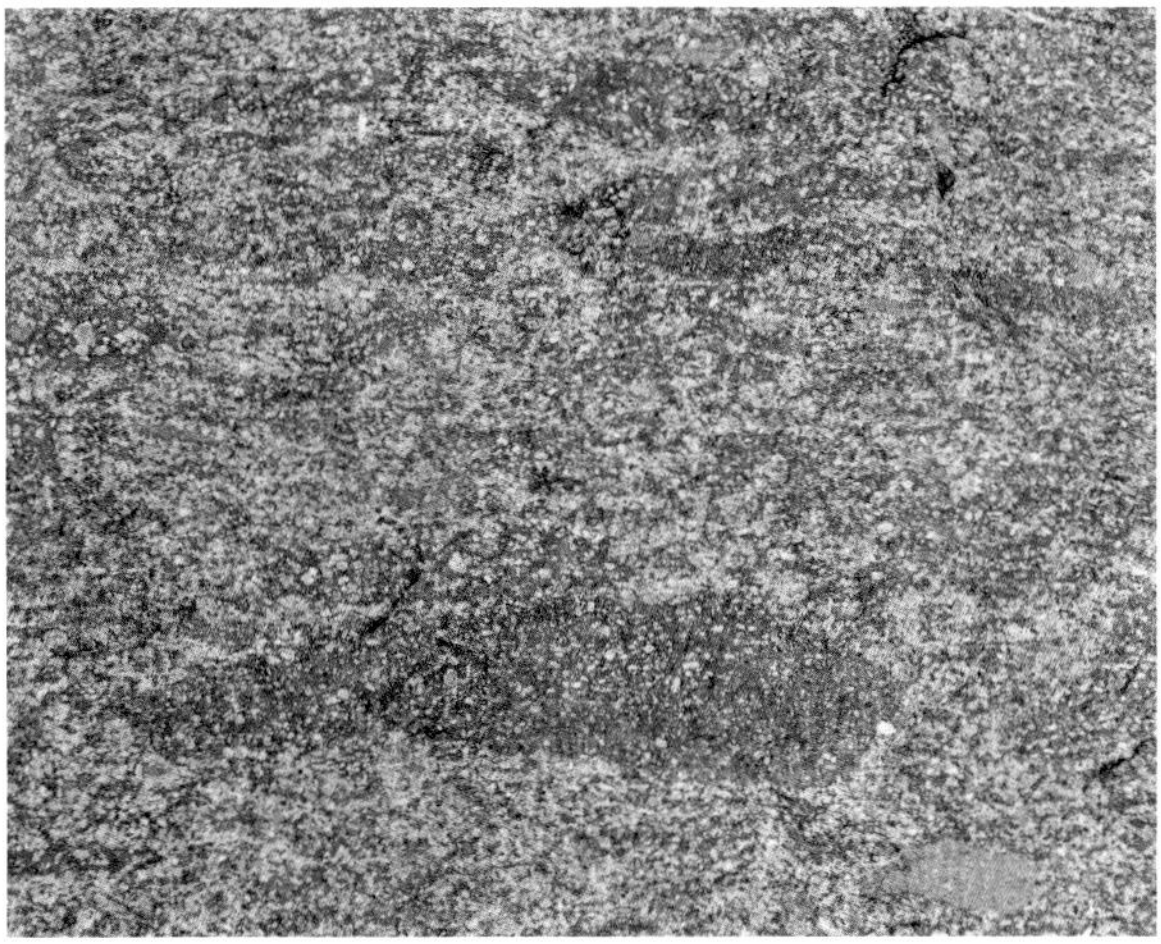

穂高の溶結凝灰岩のレンズ状の模様。槍沢にて撮影

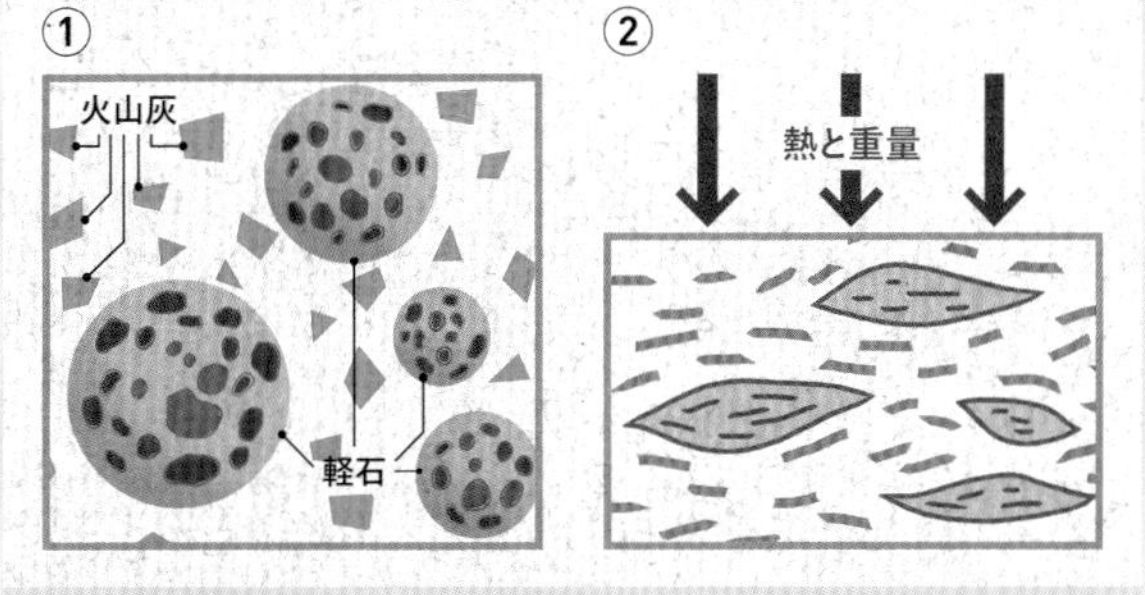

図3-1：①が溶結前の火山灰と軽石で、②は高熱と自重により火山灰が溶け、軽石が押しつぶされた様子です。参考資料①P31の図を基に作成

穂高岳はカルデラ噴火によって生まれた

溶結凝灰岩ができるような火砕流が発生するのは、カルデラの形成を伴うような超がつくほどの巨大噴火です。「カルデラ」とは火山活動によってできた巨大な大地の窪みをいい、日本では阿蘇カルデラを筆頭に、箱根カルデラや大雪山のお鉢平カルデラが有名です。また十和田湖や屈斜路湖などは、その底に水がたまってできたカルデラ湖です。

穂高連峰はこのようなカルデラの形成を伴う超巨大噴火を起こした火山として生まれたのです。噴火と同時に地表が陥没しカルデラができますが、そこにたまった大量の火山灰が溶結してできたのが、今の穂高を作る溶結凝灰岩です。残念ながら噴火からかなり時間が経っているので、カルデラの陥没地形やそこを取り囲む外輪山といったものはすべて侵食されてなくなっています。今の穂高の外観から火山であったことはまったく想像することはできません。

阿蘇カルデラの姿を借りて今の穂高を知る

そこで少し強引ですが、広く知られている阿蘇カルデラの姿を借りて、今の穂高へと続く風景の変遷を考えてみたいと思います。阿蘇山は過去に4度ほど巨大カルデラ噴火を起こしたことがわかっています。最新のものは約9万年前で、現在の阿蘇カルデラはこの時の噴火によってできたものです。その底は今では広大な平地となっており、道路も鉄道も走る、人口約5万人が暮らす大きな町になっています。

このカルデラ底や外輪山を含めた阿蘇山全体が、これから約170万年の歳月をかけて5000mほど隆起するとします。あくまで仮定です。隆起が始まるとまず凸部である外輪山やカルデラ壁が侵食されてなくなります。広大なカルデラの底がむき出しになると、周辺からどんどん削られて、その下に隠れていた溶結凝灰岩の層がついに地表に現れます。実際に阿蘇カルデラの地中にも、溶結凝灰岩層の存在が確認されています。とても硬質な溶結凝灰岩は風雨による侵食に強く、隆起が進むにつれて図3-2のように岩壁がそびえる鋭角的な峰が姿を現すことになります。これが今の穂高連峰に相当します。この仮想の岩峰群と、私たちが今眺める阿蘇カルデラの外見上の共通項は、おそらく皆無だと思います。今の穂高に対してカルデラ火山のイメージが湧かないのも仕方ありません。長い大地の営みの中で、これくらい姿が変わることはよくあることです。

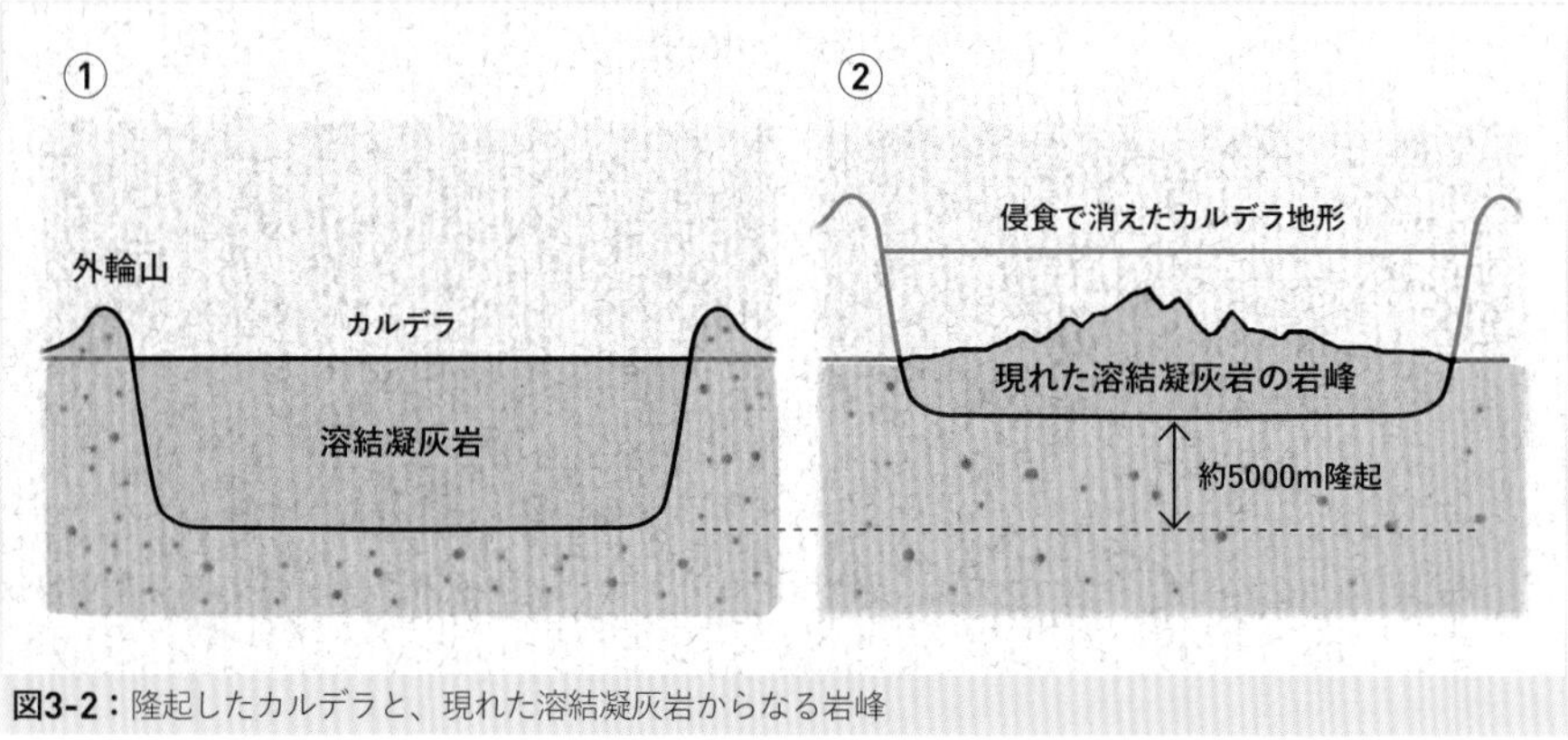

図3-2： 隆起したカルデラと、現れた溶結凝灰岩からなる岩峰

穂高を作るもうひとつの岩石　閃緑斑岩

話はなるべくシンプルな方が伝わりやすくてよいのですが、そうはならないのが世の常です。穂高を作る岩石の主役はカルデラ噴火によってできた溶結凝灰岩で間違いないのですが、後にその分厚い溶結凝灰岩層を割ってマグマが入り込み、そのまま冷えて固まってできた「閃緑斑岩（せんりょくはんがん）」という脇役があります。図3-4の濃い緑がそれにあたり、ジャンダルムから吊尾根にかけてと（奥穂高山頂は溶結凝灰岩）、北穂高滝谷の中腹あたりに見られます。「斑岩」とは、地表で溶岩が急冷されてできた火山岩と、地下でマグマがゆっくり冷えてできた深成岩の中間的な速度で冷えた岩石を指し、地層の裂け目にマグマが入り込んでできる「岩脈」でよく見られます。穂高の溶結凝灰岩と閃緑斑岩は同じマグマから生まれたので、岩石としては兄弟のようなものです。見た目もほとんど同じで、奥穂高岳山頂と馬の背間にその境目があります。

奥穂高岳からのジャンダルム。この峰のすべてが閃緑斑岩でできています

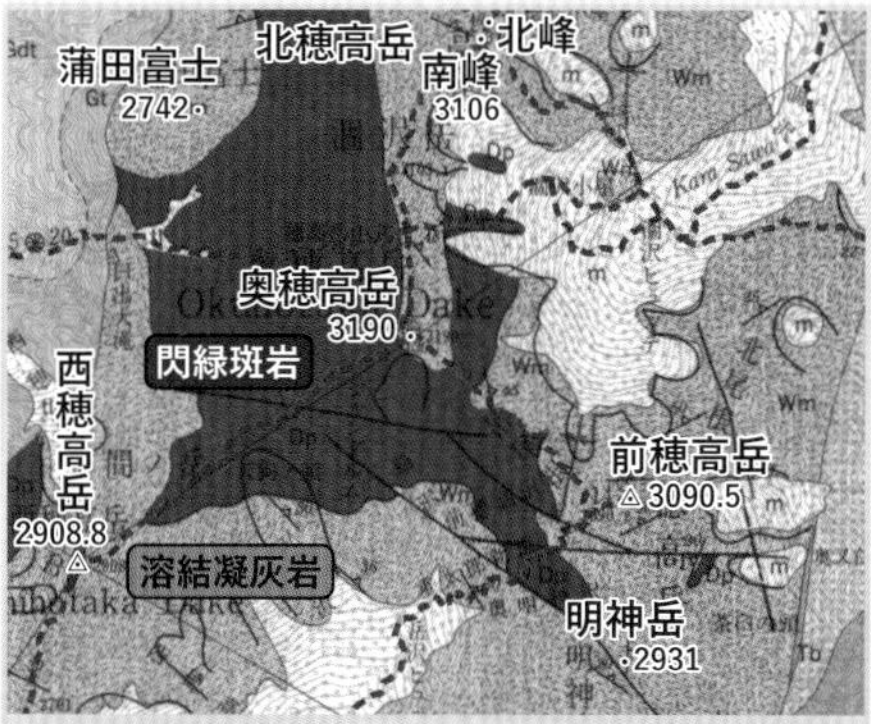

図3-4：濃い緑が閃緑斑岩。参考資料②抜粋して作図

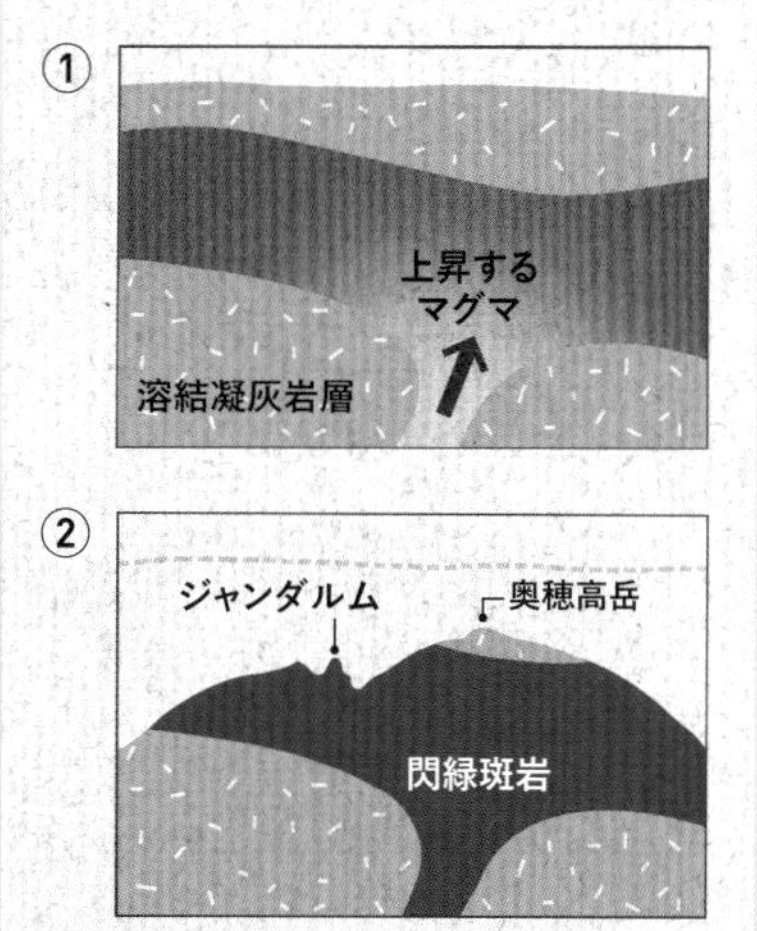

図3-3：溶結凝灰岩の中に割って入ったマグマと、それが固まってできた閃緑斑岩。参考資料②断面図を基に作図

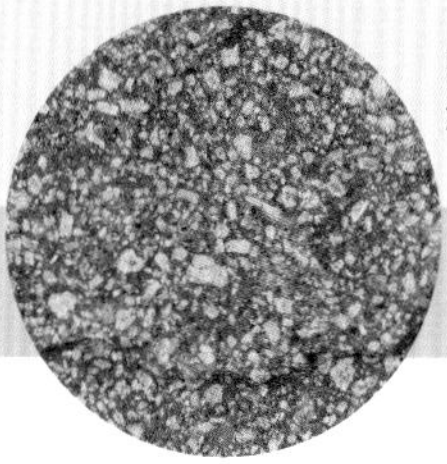

閃緑斑岩の岩肌。涸沢池ノ平にて撮影

04

ありし日の槍・穂高カルデラを想う

穂高岳の誕生は約176万年前のカルデラ噴火です。そして槍ヶ岳はその約1万年後の約175万年前に誕生しました。連続して発生した超巨大噴火と、ありし日の槍・穂高カルデラの威容を再現します。

穂高岳が誕生したのは今から約176万年前のことです。その産声は巨大なカルデラ噴火の轟音ですが、実際はその少し前から普通規模の噴火が続いており、地下に大量のマグマを蓄える胎動のような期間がありました。高温のマグマは周囲の岩石より軽いため浮力が生じ、北アルプスが隆起する要因のひとつとなったと言われています。穂高カルデラができる場所は標高約1000mの高原となり、東側にあった古い常念山脈は2000m級の山並みに成長したとみられています。

穂高を誕生させた超火山噴火が発生

そして運命の約176万年前を迎えます。カルデラ噴火のきっかけは不明です。マグマだまり内の圧力がその天井を押し上げたのか、天井自体の重さが限界を超えたのかはわかりませんが、地表に亀裂が入り一気に崩れ落ちます。同時に地下のマグマだまりの圧力が下がり、発泡したマグマは大量の火山灰と高温のガスとなり地上に噴出し、カルデラ噴火が始

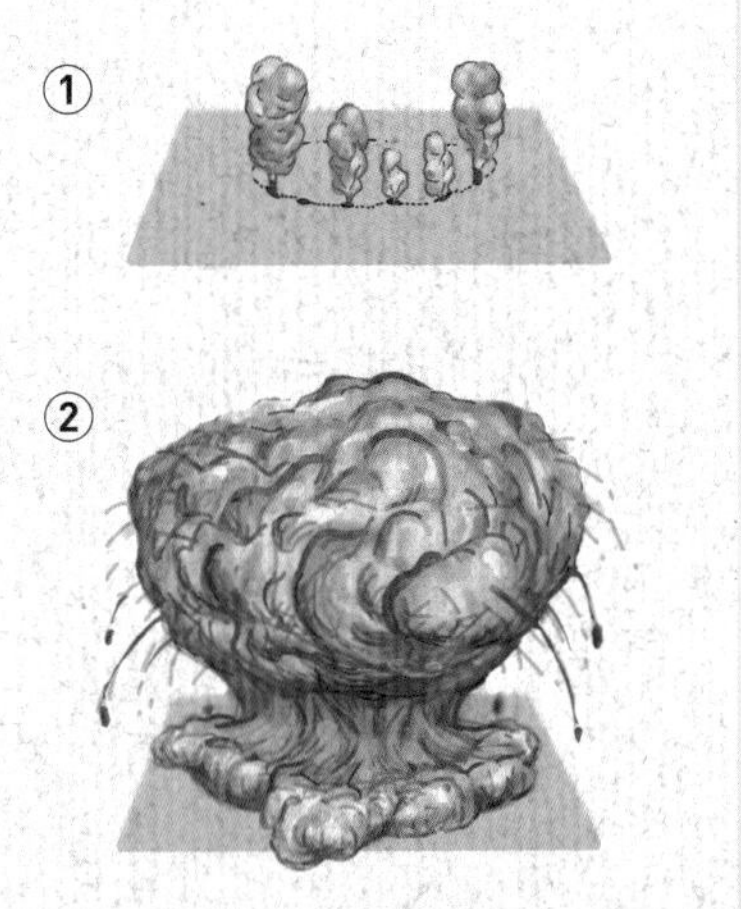

図4-1：カルデラの噴火のイメージ図。山体が爆発する一般的な火山噴火とは違い、溶岩は外に流れ出ず、膨大な量の火山灰が火砕流となってあふれ出ます

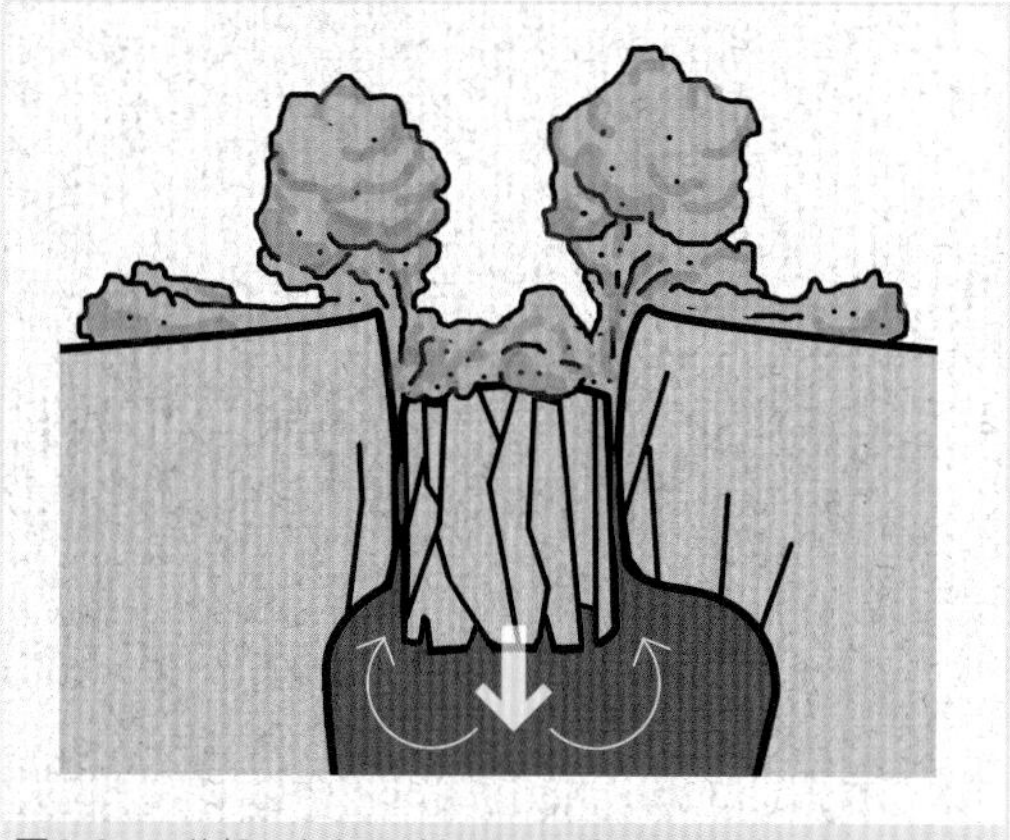

図4-2：天井部に火山灰がたまる⇒重みで天井部を押し下げる⇒マグマが押し出され、火山灰があふれ出る、を繰り返しながらカルデラは沈降していきます

まります（図4－1）。

マグマには水や二酸化炭素が大量に含まれており、それらは高温のなかで絶えず気化しようと不安定な状態にあります。それを抑え込んでいるのがマグマだまりの分厚い岩盤ですが、そこにひびが入り圧力が下がると、水や二酸化炭素は一斉に泡立ち、体積は膨張して巨大噴火へと進みます。この過程は、よく振った炭酸飲料の缶のふたを開けた時の様子に例えられます。ふたを開けることで缶内の圧力がなくなり、炭酸ガスは一気に発泡し、飲料とともに外に噴き出す、あれと同じです。

地表にあふれ出た火山灰と高温の火山ガスは火砕流となり、四方八方に広がります。それと同時に、火山灰は陥没したマグマだまりの天井部の上にも積もります。その重みで天井部はさらに下がり、ピストンに押し出されるようにマグマは火山灰となって地上に噴き出します（図4－2）。原山先生によると、これを繰り返しながらカルデラは徐々に深くなり、わずか数日で穂高カルデラは誕生したそうです。終わってみるとカルデラには大量の火山灰が堆積し、溶結したことで溶結凝灰岩ができました。

そして約1万年後に槍ヶ岳カルデラが誕生

誕生のドラマはまだ終わりません。ここまでは穂高岳についてであり、次は槍ヶ岳の番です。その誕生は、穂高カルデラの噴火から約1万年後の約175万年前です。槍ヶ岳を作る岩石は溶結凝灰岩ではなく、凝灰角礫岩と呼ばれる岩石です。

34ページの写真は槍ヶ岳山荘から槍の穂先を撮ったものですが、ヘリポートの先から西鎌尾根にかけて、白い岩石からなる帯状の線が見えています。実はこれが槍ヶ岳カルデラと穂高カルデラの境目なのです。約175万年前、白い岩のラインから奥（北側）の大地が、ばっさりと陥没しました。ガラガラと崩れ落ちた大量の角礫と火山灰が混じり合い、槍の穂先を作る硬質な凝灰角礫岩ができました。この岩石を原山先生は、そのでき方から「カルデラ壁崩壊角礫岩」と呼んでおられます。この岩石には細かな割れ目がなく、割れても大きな岩の塊になります。槍が尖った理由もこの特性にあります。

日本最大級の阿蘇カルデラとの比較

矢印で示した白い岩のラインが穂高カルデラと槍ヶ岳カルデラの境目です

東鎌尾根はふたつのカルデラの境界線

槍沢の史跡的名所である播隆窟。この岩屋を作る巨岩は、穂高カルデラができた時の凝灰角礫岩（カルデラ壁崩壊角礫岩）です。槍ヶ岳が背後に見えているので槍ヶ岳カルデラによるものと思いたくなりますが、そうではないそうです。原山先生の調査によると、このあたりはカルデラの境界で入り組んでいますが、基本的に、槍沢に転がる岩石は穂高カルデラによるもの、東鎌尾根の稜線から天上沢側は槍ヶ岳カルデラによるもの、とのことです。おもしろいのは、槍ヶ岳カルデラの角礫岩のなかには、先に誕生した穂高の溶結凝灰岩の礫が含まれることですこの2回の巨大噴火により誕生した槍・穂高カルデラの大きさは、南北約20㎞、東西約6㎞、深さは推定で約3㎞です。今の日本列島で見られるカルデラの大多数はほぼ円形をしていますが、図4－3に示したように槍・穂高カルデラは細長い船の形をしていました。このような細長い陥没地形を「グラーベン」と呼び、カルデラとは区別しています。実際、研究者によって書かれた論文では「穂高グラーベン」と記されることが多いのですが、本書では地形を思い浮かべやすい「カルデラ」をそのまま使います。

槍・穂高カルデラの威容を伝えたいのですが、数字だけを並べても限界があるので、前章でも姿を借りた阿蘇カルデラとの比較をしてみたいと思います。日本最大級と言われる阿蘇カルデラの大きさは、南北約25㎞、東西約18㎞です。図4－4は双方を重ねたものですが、槍・穂高カルデラは細長い形をしているので、面積比では阿蘇カルデラに見劣りしますが、南北方向の大きさではほぼ同等のスケールであったことがわかります。

火山灰の噴出量で比較すると、約

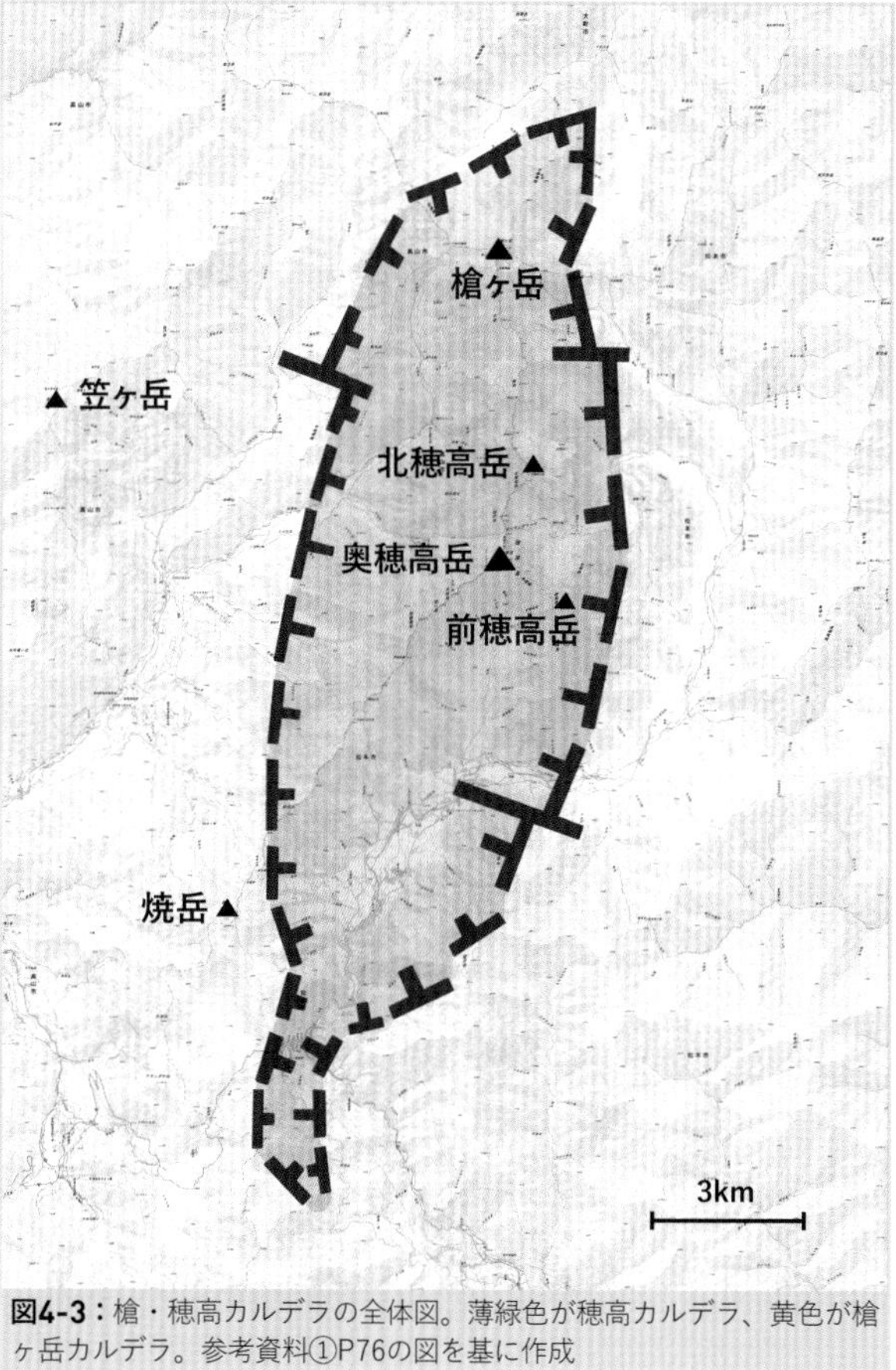

図4-3：槍・穂高カルデラの全体図。薄緑色が穂高カルデラ、黄色が槍ヶ岳カルデラ。参考資料①P76の図を基に作成

9万年前の阿蘇カルデラの噴火では、九州中央部のほぼ全域を火砕流が襲い、大気中に舞い上がった火山灰は遠く北海道の大地でも層となって見つかっています。その時の噴出物の総量は約600㎦と言われています。それに対して穂高カルデラの場合は

飛行機から見た阿蘇カルデラの全景。カルデラ中央で噴煙を上げているのが中岳。写真提供：安藤雅敏氏

約400km^3、槍ヶ岳カルデラが約300km^3で、両方を合わせると阿蘇カルデラの噴出量を超えてしまいます。新穂高温泉あたりでは約400m、高山市あたりでも約100mの厚さの火山灰が積もったとされています。それらは自らの熱で軟化し、溶結凝灰岩へと変化しました。宮崎県を代表する景勝地である高千穂峡は、阿蘇からの火砕流によってできた溶結凝灰岩層を刻む峡谷ですが、

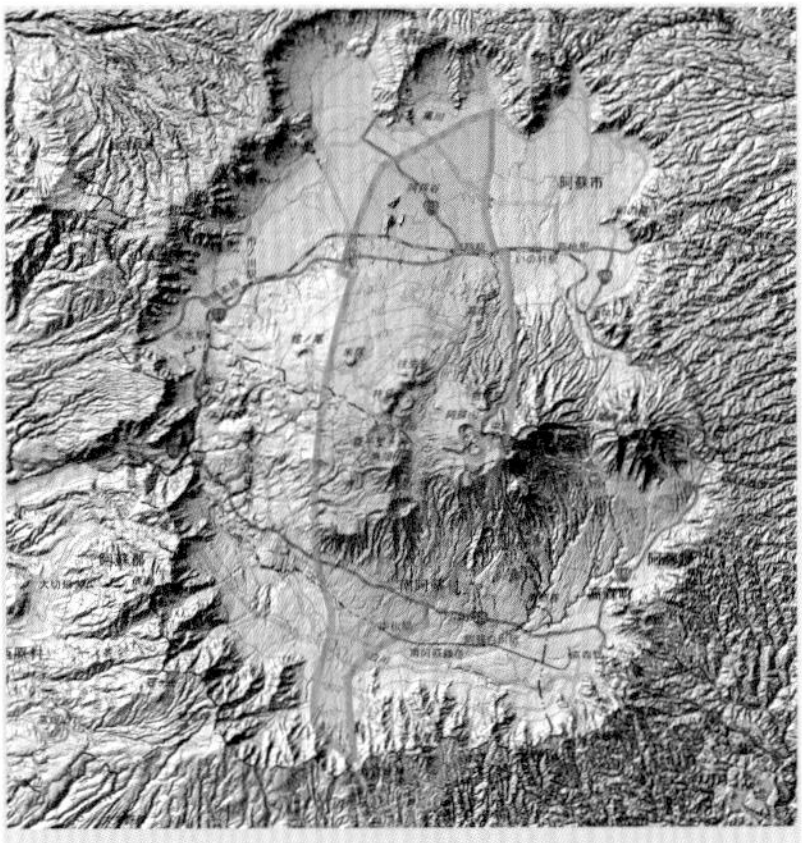

図4-4：阿蘇カルデラとのサイズ比較

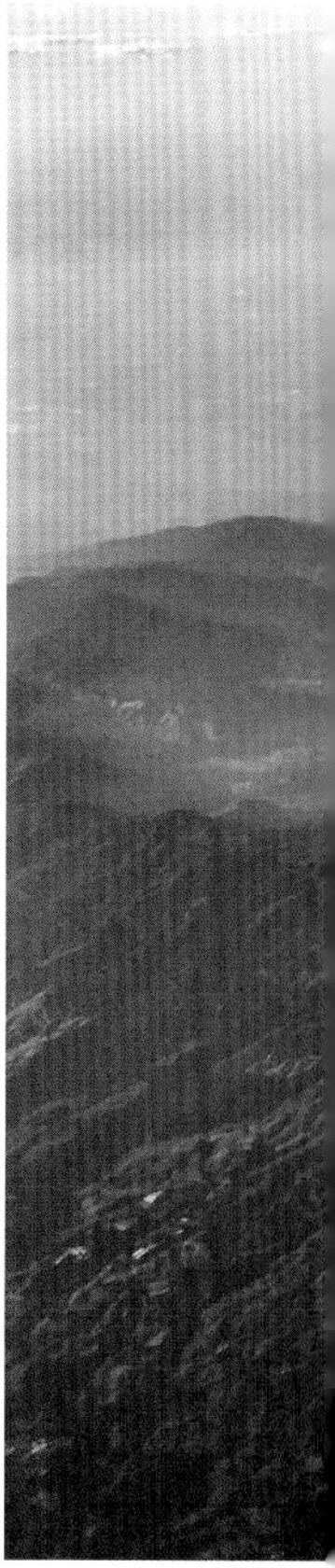

当時の高山あたりもそれと似た深い峡谷や大きな滝がかかっていたのでは、と想像します。噴火から約175万年を経た今、これらはほとんどが侵食されて消えてしまいました。

地質図に残る槍・穂高カルデラの形

槍・穂高カルデラの北端は槍ヶ岳の北鎌尾根独標付近で、南端は上高地を越えて中の湯あたりにまで達します。東西に関しては、東は屏風岩と前穂高北尾根の鞍部付近、西は新穂高ロープウェイの西穂高口駅あたりです。侵食されて地形の痕跡もないのに、なぜそのようなことがわかるのでしょう。カルデラの誕生とは、もともとあった地質の一部が陥没により消失し、代わりに新たな地質がそこに生まれるということです。地表の痕跡が消えても、地質にはしっかりとその存在が残ります。

宮崎県を代表する景勝地・高千穂渓谷。溶結凝灰岩を刻んで流れています

1章のステージ①の付加体の堆積岩と、ステージ②の常念岳あたりの花崗岩は、槍・穂高カルデラが噴火する前からそこにあった岩石です。それらと槍・穂高を作るステージ③との境目がカルデラの外周（カルデラ壁）にあたります。地質図さえあれば、槍・穂高カルデラの片鱗をうかがい知ることができるのです。

槍・穂高カルデラを想う山旅へ

ありし日の槍・穂高カルデラの大きさを実感してみたく、北鎌尾根から西穂高岳までが見渡せるところを探して山を歩いてみました。常念山脈では蝶ヶ岳からの展望が最適でした。北鎌尾根から六百山までが見渡せ、南北方向のスケールを感じることができます。そして38ページの写真に示したように、屏風のコルから奥又白ノ池、ひょうたん池へとつながるカルデラ壁（溶結凝灰岩と花崗岩の境目）の跡を目で追うこともできます。地学がおもしろいなあと思

蝶ヶ岳から見る穂高連峰東面のカルデラ壁の線。線に沿って立てた面を想像すると、穂高カルデラの東面がイメージできます

槍・穂高カルデラの火山灰層を見に行こう

槍・穂高カルデラが噴火した年代は、約176万年前と約175万年前といった具合に、妙に細かく特定されており、まるで実際に噴火を見てきたような印象です。実は槍・穂高カルデラの火山灰は、噴火の規模が大きかったため、関東から上越、東海、近畿で広く層として見つかっています。この火山灰層の上下にある堆積層に含まれる化石などを丁寧に調べることで、噴火した年代の細かな特定に至ったのです。

広範囲に広がった火山灰層は「鍵層」と呼ばれ、離れた場所の地層の堆積年代を比較する際の基準になります。特に槍・穂高カルデラが噴火した頃は他に大規模な噴火をした火山がなく、鍵層としてとても役立っているそうです。

うのは、その線上にたまたま池がふたつあったのではなく、地質の境目は侵食に弱く、窪地になりやすいからで、池や鞍部が連続するのは偶然ではなく必然だということです。

飛騨側から眺めるなら、槍・穂高の展望台として名高い縦沢岳をおすすめします。順光となる午後遅くにでも登って来て、槍から穂高へ続く鋭く尖った稜線の上空に大きな舟形の陥没地形を想像してみましょう。どうでしょう、巨大な槍・穂高カルデラの威容が見えてきませんか。約175万年前には、その位置にまぎれもなく本物のカルデラがあったのです。

花と緑と自然の情報センター内にある大阪層群の展示コーナー。ケースに入っているのが槍ヶ岳カルデラからの火山灰層です

木道から続く小さな橋のたもとに火山灰層はあります。撮影時は観察のために汚れた表土を剥いでいます

①大阪府大阪市東住吉区 花と緑と自然の情報センター
大阪層群は、大阪、京都、奈良、兵庫の主要部に広がる約300万~30万年前に堆積した地層の総称です。いくつかの火山灰層と粘土層を元に土地の発達史が解析されています。長居植物園に併設されている「花と緑と自然の情報センター」では、大阪層群に含まれる槍ヶ岳カルデラから噴出した火山灰層をブロックで切り出して展示しています。

②神奈川県横浜市磯子区 氷取沢市民の森
上総層群は関東平野がまだ浅海だった頃に堆積した地層で、そのなかに穂高からの火山灰が含まれています。氷取沢市民の森では、穂高カルデラの火山灰層が遊歩道から確認できます。氷取沢バス停から横浜横須賀道路の高架下をくぐり、「おおやと広場」を目指します。その最奥、入口から数えて4つ目の小橋の右のたもとに露頭があります。

槍・穂高カルデラは
舟形をしていました。
船首は北鎌尾根、
船尾を西穂高の
少し先あたりに置いて
空に浮かべてみましょう

樅沢岳から見た槍・穂高連峰

05

南岳の礫岩に大地の輪廻を見る

南岳の山頂部にはカルデラの火山岩層が見られます。その理由を探っていくと噴火直後の穂高カルデラの様子が見えてきます。そして常念山脈や笠ヶ岳との壮大なつながりも…。

南岳と北穂高岳の間の稜線は大きくえぐられた形をしており、「大キレット」と呼ばれています。一般登山道としては本邦屈指の難度を誇り、「大キレット越え」を登山の最終目標と考える人も少なくありません。この大キレットと交差するように、南岳の飛騨側斜面から信州側にかけて地層の縞模様が走っています。正式には「南岳凝灰角礫岩層」と呼ばれており、対岸の北穂高岳からはその重なりがよくわかります。もっとも大多数の登山者は、鋭く切れ落ちる大キレットの稜線と、南岳の向こうで天を衝く槍ヶ岳に目を奪われ、地層の存在になど気付いてもいないでしょうけど…。

南岳の地層に見る噴火後の穂高カルデラの様子

南岳の地層からは、穂高カルデラができた直後の様子をいくつかうかがうことができます。地層に含まれる岩石を調査した原山先生によると、凝灰岩層と礫岩層が交互に3層ずつ

北穂高岳から眺める南岳と大キレット。飛騨側から信州側にかけて、傾斜した地層の重なりが見えています

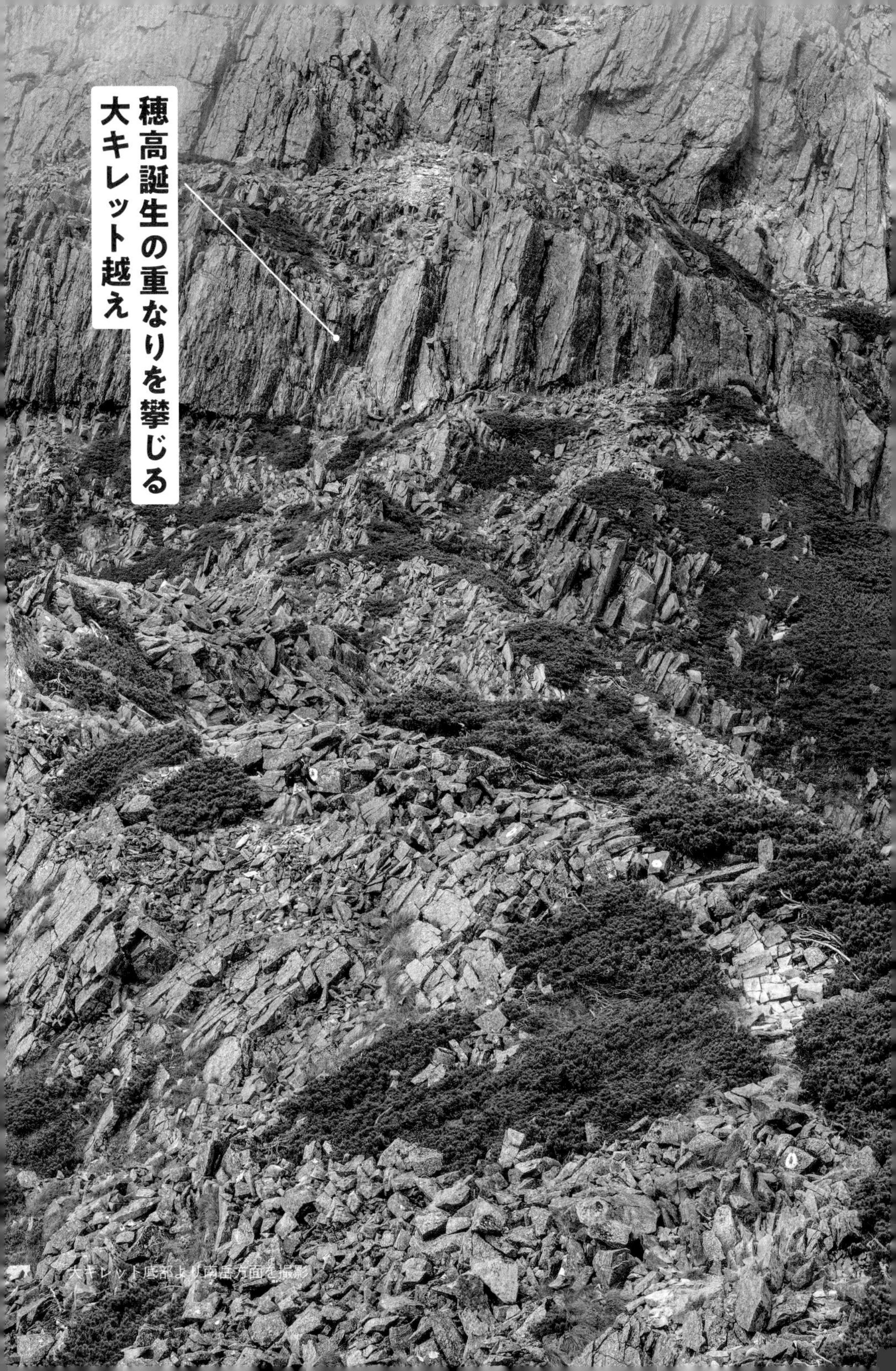

穂高誕生の重なりを攀じる
大キレット越え

大キレット底部より南岳方面を撮影

重なっていることがわかりました。凝灰岩は穂高を作る溶結凝灰岩とは違い、火口から噴出した火山灰が普通に堆積したものです。ただその火山灰が、穂高カルデラ内に新たにできた火山のものなのか、他所から飛んで来たものなのか、出所はよくわかっていないそうです。

ここで注目したいのは礫岩層の方です。礫岩は堆積岩のひとつで、川などによって運ばれた石が堆積してできた岩石です。ではなぜカルデラの最上部に礫岩があるのでしょう。これは日本各地に点在するカルデラ湖を思い浮かべてもらうと答えが出ます。噴火からしばらく経つと周囲の山々から河川の流入が始まり、カルデラ内に湖かそれに近い水辺ができたとしても不思議はありません。その様子を描いたものが図5－1です。川によって運ばれた礫が水辺の底にたまって堆積層を作り、これが南岳の礫岩層の一部となったのです。

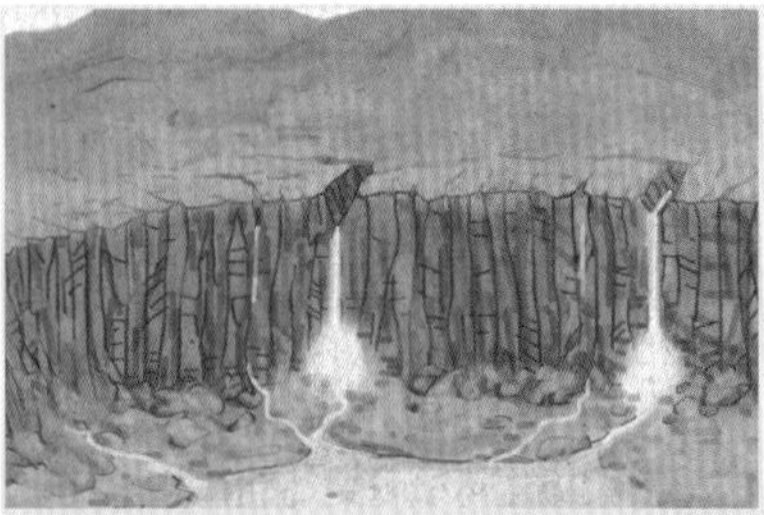
図5-1：カルデラ内に流れ込む河川のイメージ

大キレットの底から見上げた南岳の地層群。縦に割れ目が入っているのが凝灰岩層。尖った岩峰のように見えるのが獅子鼻です

岩石の表情を確認しながら大キレット越え

では北穂高岳から南岳まで、地層を観察しながら大キレットを歩きましょう。観察のハイライトとなるのは、南岳側の最下部にある2段の長いハシゴがかかる岩壁です。北穂高岳の下りは難所の連続で、特に「飛騨泣き」の通過にはかなりの緊張を強いられます。それらを越えてキレットの底に下り立つと、岩稜の幅が少し広くなるところでザックを下ろし、南岳の岩場を見上げてみましょ

う。前ページの写真がそのあたりから撮ったものですが、北穂高から見た時の印象とは違い、地層が段をなして岩壁を形成しています。注目してほしいのは、縦の細かな割れ目が顕著な岩壁と、そうでないものがあることです。割れ目がしっかり入っているのが凝灰岩の地層です。礫岩層にはこのような細かな規則正しい割れ目は入りません。

ハシゴがかかる2段の地層の意味

南岳への登りにかかるとすぐに、観察のハイライトとした2段の長いハシゴ場が現れます。まずは下段のハシゴからですが、それがかかる岩壁は溶結のない普通の凝灰岩からできています。北穂からここまでは溶結凝灰岩の上を歩いてきましたが、原山先生によると、この凝灰岩層はカルデラ形成時に降り積もった大量の火山灰の表層部にあたるものだそうです。すぐに放熱してしまったことと、上からの荷重不足で溶結に至らなかったのです。穂高連峰の各ピークの上にどれくらいの厚さの溶結凝灰岩があったかは、すでに侵食された分もあるので不明ですが、少なくとも大キレットのこの場所に、穂高カルデラ形成時の火山灰層の最上部があるということは知っておきたい事実です。

続いて上段のハシゴが現れますが、そのハシゴがかかる岩壁こそが、北穂高から縦走して来ると最初に出会う礫岩層です。右の写真2はハシゴの下に落ちていた岩を撮ったものですが、小さな石が寄せ集まった岩肌を見ると、これが礫岩であることがわかります。礫岩は角の

1 礫岩層にかかる上段のハシゴ
2 ハシゴの下に落ちていた礫岩

ない円礫系と、角がある角礫系に分かれます。南岳の礫岩の大多数は角礫だそうですが、このハシゴ場の岩壁には一部に円礫が混じります（写真1）。角がない円礫は河川が運んだもので、岩壁に円礫を見つけることでカルデラの底に水がたまっていたことの証拠になります。

　ハシゴ場を過ぎても鎖が連続するので気は抜けませんが、岩石の変化に注意していると疲れも忘れるのか、意外に早く南岳に到着します。南岳小屋周辺から山頂までが、下から数えて3層目となる最上段の礫岩層（このあたりは角礫中心だそうです）ですが、冬の強風と寒気により地層の岩石が割られ、広がる岩の海のようです。

南岳の山頂で礫の出所を想う

南岳の礫岩に含まれる礫の出所を考えると不思議な気持ちになります。それらは、穂高カルデラの周囲にあった岩石が寄せ集められて堆積したものですが、その「周囲」とは常念山脈や笠ヶ岳のことを指しています。もちろん槍・穂高カルデラがあった当時は、今の蝶ヶ岳や常念岳、屏風岩や笠ヶ岳となっている岩石はまだ

1 ハシゴの横の岩肌に見える円礫のアップ。カルデラができてすぐに水がたまり始めたことが分かります　2 南岳山頂に続く角礫岩の岩海斜面

まだ地下深くにありましたが、それと同じ地質からなる岩石がカルデラ内に集められたのです。今ではその供給源である山々を追い越して標高3000mの高峰の一部となってそびえています。南岳の山頂で礫岩をひとつ拾い上げ、そこに含まれる花崗岩や砂岩、泥岩の礫を見ていると、大地の壮大な輪廻を感じます。南岳から眺める槍や穂高の絶景は素晴らしいのですが、目では見えない岩石の物語を想ってみるのもよいでしょう。

底が抜けた穂高カルデラ

南岳の堆積岩の地層から、穂高カルデラに一時的に水がたまっていたことがわかりましたが、それが南岳の山頂部付近だけにあるということに違和感はないでしょうか。大キレットの対岸にある北穂高岳にはそれに相当するものが見当たりません。堆積岩の地層は平行にたまるので、南岳で見られるものが北穂で見られないというのは理屈に合わないのです。そこで原山先生は、溶結凝灰岩の堆積状況を調べるために、溶結時に押しつぶされた軽石の扁平面の向きを調査しました。その結果、穂高の溶結凝灰岩は今の南岳あたりを底に大きくたわんでいたことがわかったのです。ただし、降る火山灰がたわんで積もるはずはありません。どうしてそうなったのでしょう。導かれた推論は以下のようなものです。カルデラ誕生直後はまだカルデラの底は不安定な状態で、ちょうど今の南岳の真下あたりを中心に再陥没が起きます。その上にのる溶結凝灰岩もまだ完全に冷えて硬化する前だったので、カルデラの底の形に沿って飴のように変形しました。それが「たわみ」の正体です。

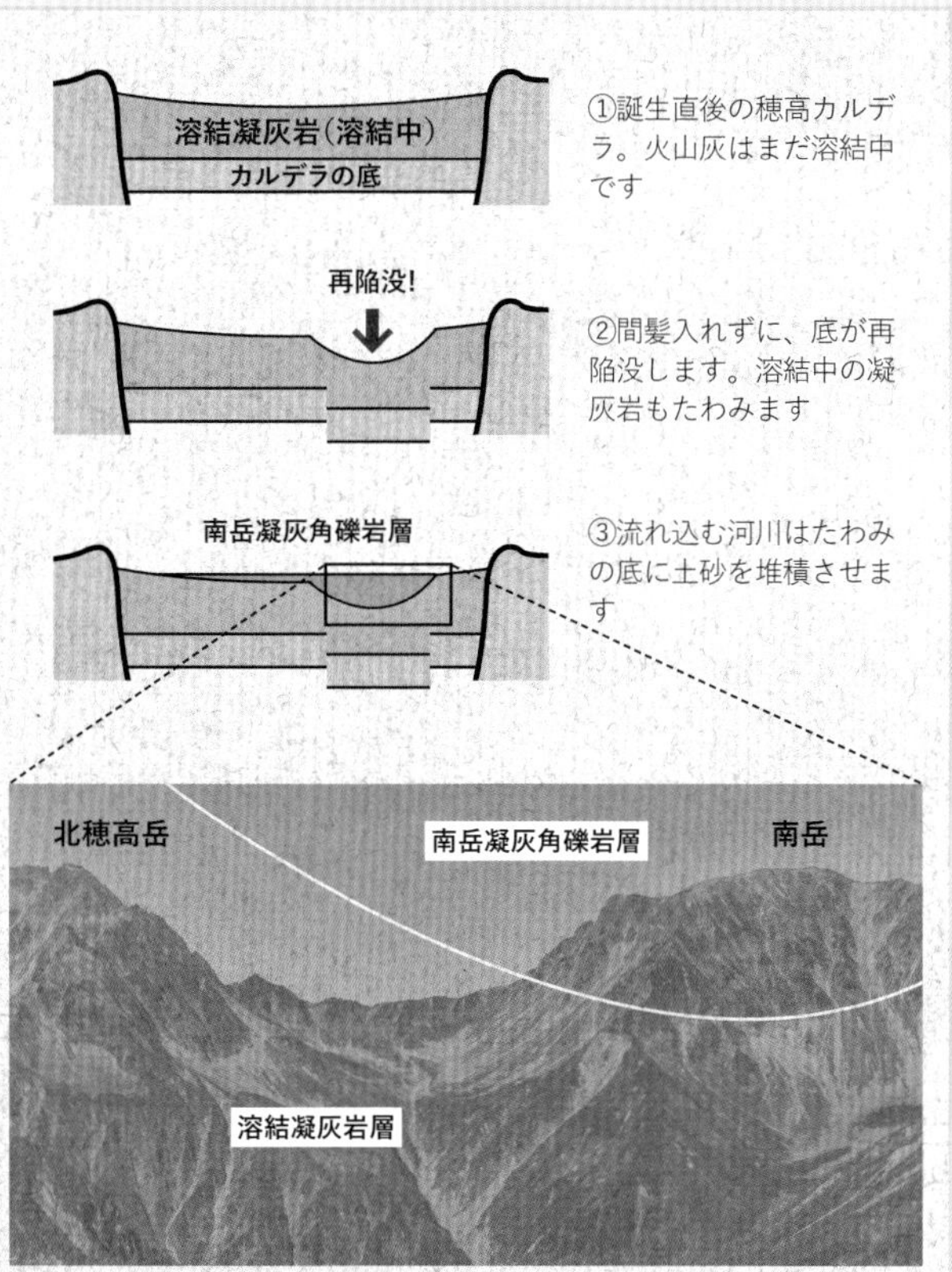
溶結凝灰岩(溶結中)
カルデラの底
①誕生直後の穂高カルデラ。火山灰はまだ溶結中です
再陥没!
②間髪入れずに、底が再陥没します。溶結中の凝灰岩もたわみます
南岳凝灰角礫岩層
③流れ込む河川はたわみの底に土砂を堆積させます
北穂高岳
南岳凝灰角礫岩層
南岳
溶結凝灰岩層

図4-2：穂高カルデラの底がたわむ様子。北穂高に礫岩の地層がないこともこれで説明可能です。参考資料①P69の図を基に作成

カルデラ内に流れ込み始めた河川と礫は、たわみが最も深かった南岳あたりを中心に湖と地層を作ったのでしょう。北穂高にこの堆積層がない理由もこれで説明できます。それにしても先生の調査方法の発想と、険しい高峻山岳での調査に対するエネルギーには圧倒されます。

これが槍・穂高連峰、柱状節理の名景四選です

06

穂高に大岩壁ができた理由

厚さ1500mもある溶結凝灰岩層から穂高岳は生まれました。もしカルデラに積もった火山灰の厚みが500m程度だったら、今の穂高の大岩壁はなかったでしょう。穂高の個性を生んだのは、火山灰の厚さにあったのかもしれません。

日本の子どもたちに「山を描いて」と紙を渡したら、お椀を伏せたような丸い山に緑が生い茂っているさまを描くでしょう。これはおおかたの日本人が持つ山に対する平均的イメージです。水や森の恵みを分け与えてくれる身近で優しい山、それが日本の山なのです。それと対極的な位置にあるのが穂高連峰です。この山が登山者に支持されるのは険しさに対する憧れがあるからで、飛騨山脈という正式名称がありながら「北アルプス」という愛称が好んで使われるのもその表れだと思います。

岩石の種類とその特性が山の形を決める

山の姿形を決める要因はさまざまで、季節風なども長い目で見ればその造形に大きな影響を与えています。しかし何と言ってもその最たる要因は、山を作る岩石の特性です。花崗岩はとても硬質ですが、寒暖差が激しい状況に長期間さらされると、結晶同士の結合力が少しずつ低下して

1 大キレットから見上げた北穂高滝谷の大岩壁。斧で山を割ったような印象です　2 立山雄山から見た真砂岳・別山・剱岳。すべて花崗岩からなる山ですが、山頂部に硬い成分があることで剱岳のみが険しい姿をしています

砂粒へと変化します。「マサ化」と呼ばれる風化現象です。燕岳で見られるオブジェのような岩塔は、山を作る花崗岩の硬い部分が風化から残ったものですが、それらもいずれ倒れて砂になります。花崗岩でできた山は、近景で見ると燕岳の岩塔のような個性が見いだせることもありますが、遠くから眺めるとたいていはなだらかで似たようなシルエットです。

右の写真2は、立山連峰の雄山から見た真砂岳、別山、剱岳です。花崗岩特有のなだらかな真砂岳や別山に対し、剱岳の険しさが際立っています。しかし実はこの剱岳も花崗岩でできた山なのです。ただ山頂付近に硬質な閃緑《せんりょく》岩《がん》という岩石が少しだけ混ざっており、そのおかげで山頂部が風化から守られ、険しい姿を維持しているようです（「閃緑岩が混ざった硬い部分が残って山頂になった」が、成り立ちの説明の順番としては正確です）。同じ岩石でできていてもわずかな要因の違いで、これほど山容が変わるという好例です。

1

2

どのようにしてできた？ 柱状節理の基礎知識

花崗岩に対して火山岩や溶結凝灰岩には、険しい岩壁ができやすい、ある特性が備わっています。それは「柱状節理」と呼ばれる岩の割れ目で、火口から流れ出た溶岩や溶けた火山灰が急冷されることで入ったものです。角材を規則正しく立てて並べたような外観をしており、有名な景勝地としては福井県の東尋坊や新潟県の清津峡があります。

　左の写真1は乾燥した泥の表面に入った多角形のひび割れを撮ったものです。泥の中の水分が蒸発したことで体積が減り、収縮のひずみを解消するためにひびが入ります。柱状節理もこれと同じ原理で始まります。図6-1はその様子をモデル化したもので、まず溶岩（穂高カルデラの場合は溶結中の火山灰層）の表面が、空気や地面に触れて冷えることで体積が収縮し、多角形のひび割れが生じます。冷却面は徐々に溶岩の内部へと移動し、節理も深さを増していきます。こうして岩体の中心部まで割れ目が入り、最終的には長細い柱状の節理となるのです。

　柱状節理がある場合、風雨や気温の変化による風化作用は、花崗岩のように結晶に向かうのではなく、節理に対して作用します。砂になるより先に、節理が割れて崩落していきます。柱状節理の崩落は、いわば立てた角材を倒すようなもので、あとには切り立った岩壁が残ります。

1 乾燥した泥の表面にできたひび割れの模様　**2** 伊豆半島の爪木崎で見られる柱状節理

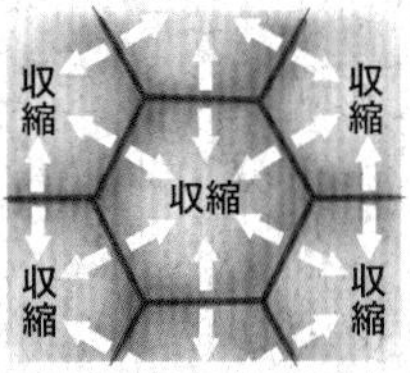

①放熱により表面の収縮が起こり、多角形のひび割れが入る

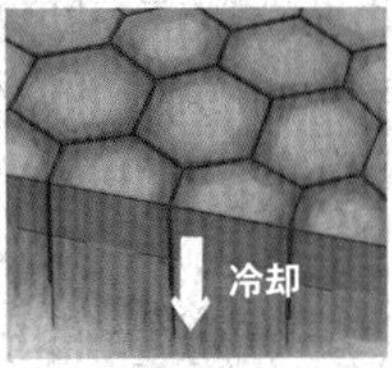

②表面から中に向かって冷却面が進む。同時に節理も深くなる

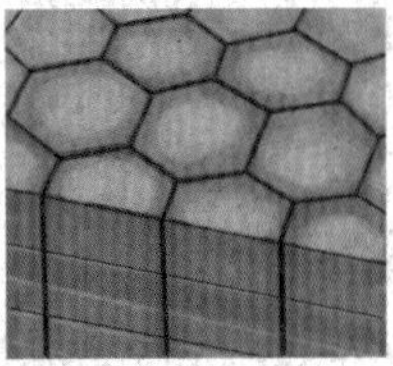

③中まで節理が進むことで柱状節理ができる

図6-1：柱状節理のできる様子

穂高カルデラの深さが、穂高の大岩壁を作った

　伊豆半島の城ヶ崎海岸は、背後にある大室山から流れ出た溶岩が海まで達してできた断崖です。侵食され

て現れた柱状節理と白い波濤のコントラストは息をのむほどの美しさです。ロッククライミングの練習にも使われるこの岩壁の高さは、平均で約30mほどでしょうか。これは海に流れ込んだ溶岩流の厚みでもあるのです。また阿蘇カルデラの大火砕流によってできた高千穂峡は、その深さが80～100mとも言われています。とても深い渓谷ですが、これは火砕流が運んだ火山灰層の厚みでもあります。

　では穂高岳の場合はどうでしょう。穂高カルデラの深さは推定で約3000mあったとされ、そこにできた溶結凝灰岩の厚みは少なくとも1500m以上あったと言われています。このすべてが垂直の岩壁となって地上に現れることはありませんが、少なくとも穂高岳は誕生時から桁外れな大岩壁ができるための資質が備わっていたということです。

北穂高の滝谷に見る穂高の真の姿

　穂高連峰の四方には多数の岩壁がありますが、その代表といえば、北穂高西面にそびえる滝谷の岩壁群です。鳥も通わぬと称される険しさで、日本の登山史に残る栄光と悲劇が交錯する場所です。北穂高小屋の脇から俯瞰すると、岩壁のはるか下に「滝谷出合」の河原が見えます。そこまで一枚の岩壁でつながっているわけではありませんが、標高差約1300m、直線距離約2㎞という俯角での眺めは、人間の感覚ではほぼ垂直に感じます。手すりも何もない稜線から身を乗り出して、谷底まで続く垂直の岩壁とそこに走る柱状節理を見ていると、巨大な岩塊の体内を見るようで、この眺めこそ穂高の本質なのだろうと感じます。

北穂高小屋の脇から俯瞰した滝谷第二尾根。柱状節理の崩落が生んだ大岩壁です

07

なぜ常念岳は三角形に尖っているのか

どこから見ても常念岳の端正な姿は目を引きます。なだらかな稜線が続く常念山脈のなかで、なぜ常念岳だけが三角形に尖るのでしょうか。自然界に「たまたま」はなく、山頂部にその理由がありました。

山頂まで続く不思議な岩石

稜線に立つ山小屋から山頂までは「もうすぐ」という印象がありますが、常念岳はここからが長く、常念小屋から山頂まではまだ約400mもの標高差が残っています。登り始めるとすぐに、足元に転がる岩が普通の花崗岩ではないことに気付きます。花崗岩がベースになっていますが、茶色と乳白色の縞模様をした岩石が混ざっており、全体的に「銀ラメ」をまぶしたような不思議な光沢感があります。本書ではここまで常念岳を花崗岩の山として紹介してきましたが、地質図を見ると常念小屋のある常念乗越から山頂にかけて、わずかな面積ですが砂岩の存在が記されています。しかし登山道の岩石は、明らかにただの砂岩ではなく、花崗岩でもありません。

堆積岩が焼かれてできた「ホルンフェルス」

その正体は「ホルンフェルス」と

乗越から山頂間の登山道で見られるホルンフェルスの岩肌

常念岳を
三角形に尖らせたのは
転がるこの岩たちです

登山道から影常念を撮影

呼ばれる岩石で、砂岩や泥岩といった堆積岩が、地下から上昇してきたマグマに触れたことで鉱物の組成が変化してできたものです。岩石の分類としては「変成岩」になりますが、その解説については次章の槍ヶ岳結晶片岩でまとめて行います。「ホルンフェルス」はドイツ語で「牛の角のように硬い岩」という意味です。実際、母岩である砂岩や泥岩は決して硬い部類の岩石ではありませんが、マグマと接触したことで焼きが入り、格段に硬い岩石へと変化しています。

常念岳の生い立ちのなかで、ホルンフェルスはどのようにしてできたのでしょうか。まず最初にあったのは、1章でステージ①として紹介した約1億5000万年前に生まれた付加体の堆積岩群です。その後、海洋プレートの異変により大量のマグマが生まれ、この堆積岩の地層の中にマグマだまりができます。それが冷えたことで、ステージ②として紹介した巨大な花崗岩の塊ができたのですが、この冷える前の高温のマグマと接触した堆積岩がホルンフェルスとなったのです。境界のみならず、今の蝶ヶ岳山頂あたりの堆積岩にも若干の熱変成は見られるそうですが、マグマだまりから距離があったため、岩石が硬化するほどではなかったようです。

常念岳のホルンフェルスは花崗岩と接していることから、かつてのマグマだまりの天井部付近にあった砂岩ではないかと推測します。あるいは、天井から剥がれてマグマ内に落下したものの名残かもしれません。57ページの写真は、花崗岩の真ん中に砂岩の破片が残ってお

白出のコルより眺めた常念岳周辺の山並み

図7-2：参考資料②③抜粋して作図

図7-1：常念岳周辺の地質区分の模式図

花崗岩の部分をマグマに置き換えると、灼熱のマグマだまりに漂う砂岩の様子が見えてきます

り、時間を巻き戻すと、真っ赤なマグマの中を漂う砂岩の様子が見えてきます。

侵食を防いだ硬質なホルンフェルス

　常念岳が三角形に尖っている理由は、山頂部に硬質なホルンフェルスが残っているからです。常念山脈を作る主な岩石は、蝶ヶ岳から以南が堆積岩で、常念岳から以北が花崗岩です。それらはともに風化・侵食の影響を受けやすく、JR松本駅や安曇野あたりから眺めると、常念岳をのぞき、その山稜は一様に「なだらか」です。それらの山々と常念岳の違いは、山頂付近に残るホルンフェルスの有無です。

　ではなぜ山頂部に硬い岩石があると鋭角的に尖るのでしょうか。それは硬い岩が「傘」の役割を果たし、風雨による侵食からその下の岩を守るからです。わかりやすいように少し極端な例を出しますが、下の写真は宮崎県日南市で撮影した、砂岩からなる奇岩です。そそり立つ奇岩の先端には「コンクリーション」と呼ばれる硬質な部分があり、それが下の砂岩を侵食から守っています。常念岳が尖るのもこれと同じ理屈です。

　穂高連峰は全山が硬質な溶結凝灰岩からできているので、自らの力で岩壁をそびえ立たせて尖っていますが、常念岳の尖りは「硬い岩石＋柔らかい岩石」のコンビネーションが作った一時的な姿と言えます。近い将来、このわずかに残ったホルンフェルスがなくなった時、侵食から身を守る傘をなくすことになるので、山容が一気に変化するかもしれません。今が常念岳にとっての晴れ姿のピークと言えます。

先端に硬質な部分があることで、一時的に尖りの造形が作られます。宮崎県日南市にて撮影

08

流浪の岩石 槍ヶ岳結晶片岩

今回は、槍・穂高連峰の景観形成には直接関わっていませんが、約３億年以上（推定）の長い間地中をさすらい続けた岩石の話です。

常念岳のホルンフェルスに続き、槍・穂高エリアにあるもうひとつの変成岩、「槍ヶ岳結晶片岩」についても話します。岩石の分布範囲は、槍ヶ岳山荘から飛騨乗越付近にかけてです（図８−１）。岩石名の最初の「槍ヶ岳」は、例によって模式地を示すための地名表記で、槍の尖った山容に関わっていそうなネーミングですが、そうではありません。

結晶片岩自体は特に珍しい岩石ではなく、四国の吉野川沿いや埼玉県の秩父長瀞など、日本各地で普通に見られる岩石です。縞模様の筋が美しいことから、「青石」という名前で、庭石として売買されたりもします。

３億年も地中をさすらった岩石の物語

槍ヶ岳結晶片岩はとても古い岩石で、誕生した正確な年代は特定に至っていないようですが、少なくとも約３億年前か、それ以上と推測されています。では結晶片岩のたどってきた道のりを振り返ってみましょう。

まずは１章のコラム「付加体」の図１−４（13ページ）をもう一度見てください。この時の説明では、海洋プレートの上に堆積した砂泥層や火山島の名残などは、すべて大陸プレートの端で剥ぎ取られ付加体となる、と解説しましたが、実際はごく少量の堆積物が海洋プレートと共に地中深くまで引きずり込まれています。実はこの引きずり込まれた堆積物が、地下約20〜30㎞の高圧と高温（３００〜５００℃）を受けることでできたのが結晶片岩なのです。

槍ヶ岳結晶片岩は、変成を受ける

道案内の矢印が描かれた岩は、
約３億年以上も地中をさすらった
旅の強者です

槍ヶ岳山荘直下の登山道にて撮影

前のオリジナルが玄武岩だったものと、砂岩・泥岩だったものの2種類が確認されています。玄武岩の出所は火山島の名残か、海洋プレートそのものだった可能性があります。砂岩・泥岩はもちろん陸から供給されたものが堆積してできた岩石です。いずれにしても変成岩になったのが約3億年前だとしても、それ以前に海洋プレート上で堆積に要した時間と、それらが地中深くまで引きずり込まれる間の時間があるので、その始まりは本当に気が遠くなるほど昔のことです。

図8-1：槍ヶ岳結晶片岩の分布図。穂高カルデラの底では？という見方もあります。参考資料①P95の図を基に作成

槍ヶ岳結晶片岩の岩肌。母岩の違いによって色味が変わります

変成岩の基礎知識のまとめ

ここで変成岩について簡単にまとめておきましょう。岩石はその成因によって大別すると、堆積岩と火成岩、そして変成岩の3つに分かれます。変成岩は、もともとオリジナルとなる岩石があり、それらが後に何らかの理由で熱や圧力を受けることにより、オリジナルとは異なる組成に変化したものです。

さらに変成岩は、変成の受け方により「接触変成岩」と「広域変成岩」の2つに分かれます。図8－2はそれぞれのできる場所を図にしたものです。接触変成岩は文字どおり、マグマの熱にじかに触れることでできる岩石で、前章のホルンフェルスはそれにあたります。また広域変成岩は地下深くの高圧に長期間さらされることでできる岩石で、海洋プレートが沈み込むあたりで広く見られます。槍ヶ岳結晶片岩はこちらの広域変成岩です。

そして今は 標高3000mに横たわる

結晶片岩の縞模様は、一方向からの力を受け続けたことで、岩石内の鉱物が力に対して面状に再結晶したためにできました。その細かな層を「片理」と呼びますが、標高3000mの槍ヶ岳の肩で見るそれは感慨深いものがあります。約3億年前に地下約20〜30㎞で誕生したこの岩石が、今は雲の上にあるのですから。

槍ヶ岳結晶片岩として地表に露出している面積はごくわずかですが、飛騨乗越から新穂高温泉に下る途中にある蒲田川右俣谷や牧場があった穂高平周辺などに「蒲田結晶片岩」の名前で、その延長と思われる岩石が見つかっています。地下にあった頃は「広域」に広がるひとつの大きな岩体だったと思われますが、それが隆起する過程で分断され、付加体の間に挟まれ、ユーラシア大陸からの分離と大移動を経験し、この地に到着してからはカルデラ噴火に巻き込まれ、そして今は山の稜線の一部となっています。波乱万丈の度合いでは、このあたりの山域のトップではないでしょうか。槍で見かけたら「ご苦労さん」と一声かけてあげてください。

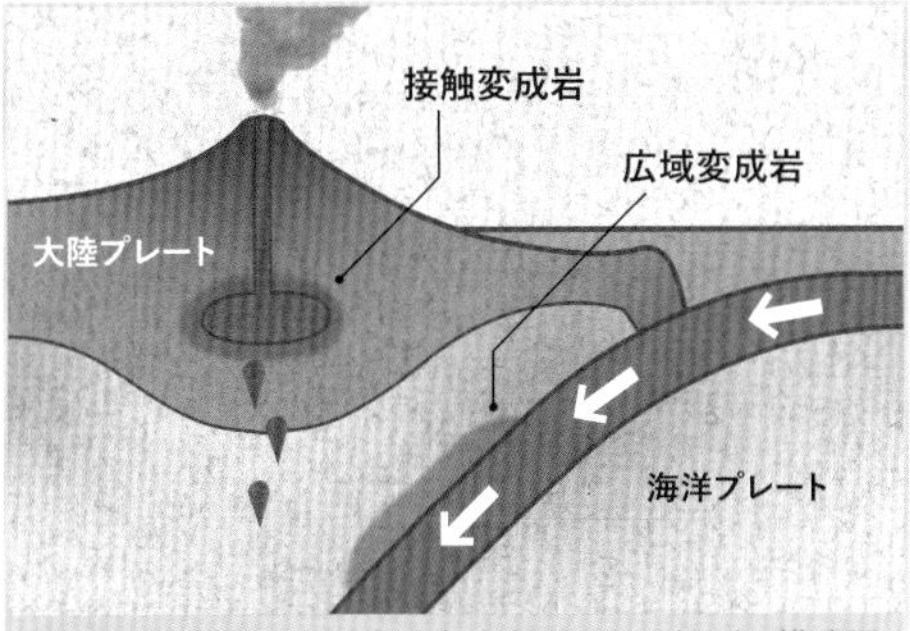

図8-2：接触変成岩と広域変成岩ができる場所の模式図

槍の肩でのテント設営は、すべて結晶片岩の上で行います

09

世界一若い花崗岩、現る！滝谷花崗閃緑岩

上高地の観光名所
ウェストン碑をはめ込んだ岩は、世界一若い花崗岩です。
地下深くで生まれたばかりなのに
グイグイと上昇しています。
その最前線を見るために西穂独標に登りましょう。

槍・穂高連峰を作る主だった岩石の紹介は、この「滝谷花崗閃緑岩《たきだにかこうせんりょくがん》」を残すのみとなりました。トリを務めるのにふさわしく、この岩石は世界記録を持っています。

滝谷花崗閃緑岩は花崗岩と閃緑岩の中間的な性質を持った深成岩で、見た目は花崗岩より黒い有色鉱物が少し多い印象です（図9−1）。ただ岩石を扱う図鑑のなかには、花崗岩のページ内に、類似する岩石として花崗閃緑岩を紹介するものもありま

ウェストン碑がはまる花崗閃緑岩。苔や風化でその特徴を判別することはできませんが…

火山岩名	玄武岩	安山岩	デイサイト	流紋岩
深成岩名	斑レイ岩	閃緑岩	花崗閃緑岩	花崗岩
二酸化ケイ素	少ない ←52%———63%———70%→ 多い			
マグマの粘度	低い ←———→ 高い			
岩石の色合い	黒系 ←———→ 白系			
マグマの温度	1200℃ ←———→ 700℃			

図9-1：火成岩の分類表。マグマが地表に出て急冷されると「火山岩」に、地下でゆっくりと冷えると「深成岩」になります。あとはマグマの成分により、できる岩石が決まります。穂高の溶結凝灰岩は成分的には火山岩の「デイサイト」に分類され、デイサイトと花崗閃緑岩が同系のマグマからできる関係であることがこの表からもわかります

滝谷出合から見上げた滝谷の全景（左最奥の稜線は北穂のドーム）。近景の明るい灰色の岩壁はすべて滝谷花崗閃緑岩です。深成岩特有の方状節理の割れ目が目立ちます

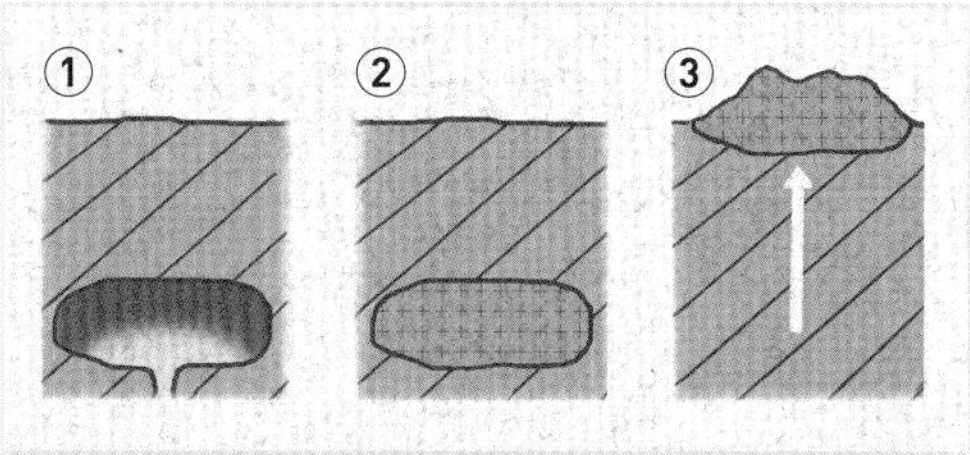

図9-2：マグマが冷えて深成岩になり、それが地上に現れるまでのイメージです

滝谷花崗閃緑岩の岩肌。白っぽい岩肌に、暗い灰色をしたまだら模様が混じります

す。本書でも滝谷花崗閃緑岩の名称はそのまま使いますが、花崗岩として扱うことにします。

　では滝谷花崗閃緑岩がどのような世界記録を持っているかですが、それは「世界一若い花崗岩」という称号です。おそらくほとんどの方は「へ～」と軽く流すことでしょう。しかしこの「若い」ということが、実は槍・穂高連峰の規格外なある事実を裏付けているのです。

花崗岩の年齢と地表に現れるまでの時間

　前提としてまず知っておいてほしいのは、この滝谷花崗閃緑岩と穂高の溶結凝灰岩は親子関係にあることです。約176万年前、カルデラ噴火によってできたのが溶結凝灰岩ですが、その噴火を起こしたマグマが冷えてできたのが滝谷花崗閃緑岩なのです。噴火を起こしたマグマが冷

えてもう地上に顔を出している、なんだかすごく早い印象です。

　では一般的な花崗岩の年齢について確認していきましょう。常念岳や屏風岩を作る花崗岩は約6400万年前にできたと話しました。この「できた」とは、地中でマグマが冷えて固まり岩石になった時を指します。年代を特定するには、岩石に含まれる鉱物を放射性炭素年代測定などで詳細に調べることでわかります。それで得られた滝谷花崗閃緑岩の誕生は約140万年前です。常念岳の花崗岩の約6400万年前と比べるだけでも、この岩が圧倒的に若いことがわかります。実際、これは地質学の常識では考えられない数字なのです。これを発見したのは原山先生ですが、当初は分析データの間違いだとスルーされたそうです。

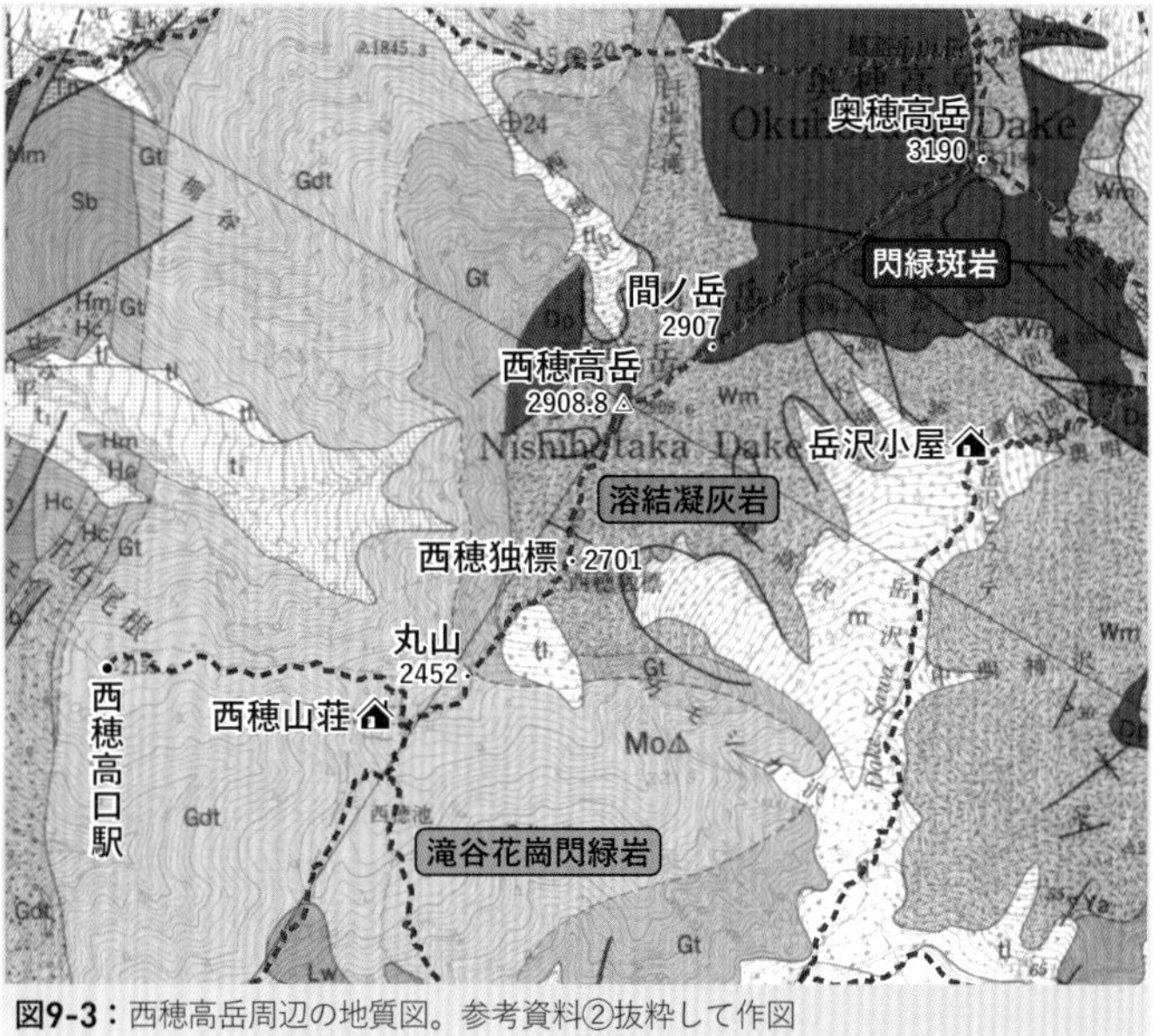

図9-3：西穂高岳周辺の地質図。参考資料②抜粋して作図

　花崗岩自体は地下深くでマグマが冷えてできたもので、それが地表に現れるためには、大地が隆起し、花崗岩の上にあるすべての地質が侵食されないといけません（図9−2）。それに必要な時間は場所で異なるので平均値のようなものはありませんが、それにしても140万年という時間はあまりに短過ぎるのです。しかしこれは槍・穂高連峰の隆起速度が尋常ではないことを意味します。先で述べた規格外の事実とはこの隆起速度のことです。ではその滝谷花崗閃緑岩を見るために、新穂高ロープウェイを使って西穂高岳独標まで登りましょう。

駅舎から見る西穂の山並みを頭に入れて

　新穂高ロープウェイの2本のロープウェイを乗り継ぐことで、山麓の新穂高温泉駅（標高1117m）か

ロープウェイ山頂駅から見た西穂高連峰。西穂高岳から続くギザギザの鋭角的な稜線は独標で終わり、そこからはなだらかな曲線に変わります。岩石の特性が山容に現れます。参考資料①P119の図を基に作成

ら山頂駅である西穂高口駅（標高2156m）まで一気に上ることができます。上の写真は駅舎の展望台から見た西穂高の山並みです。ギザギザと険しい山稜の左端にあるピークが西穂高岳で、その並びの右端が独標です。注目してほしいのは独標から右側がいきなりなだらかな曲線へと変化することです。それは岩石の種類が変わるからで、西穂高岳から独標までは硬質な溶結凝灰岩、独標から南側のなだらかな稜線は滝谷花崗閃緑岩からできています。風化に対する耐性の違いが稜線の形に現れることがわかります。また若い滝谷花崗閃緑岩がすでにこの標高にまで達していることにも驚かされます。

この地形の変化を頭に入れてから歩き始めましょう。

世界記録の岩を踏みながら歩く

登山届を出して外に出ると、あたりには鬱蒼としたオオシラビソの原生林が広がっています。西穂山荘までは特に危険箇所もなく、千石尾根の樹林帯を歩く約1時間半の行程です。前半は軽いアップダウンの繰り返しですが、後半は急な登りが待っています。足元を見ると風化で褐色になった滝谷花崗閃緑岩がずっと続

西穂山荘へ続く滝谷花崗閃緑岩からなる石段

きます。どれくらいの登山者が、今踏みしめている岩が穂高の生みの親であり、「世界一若い花崗岩」であることを知っているでしょうか。もっとも世界記録を持っているといっても、見た目はいたって普通の花崗岩ですが…。

丸山ピークから見上げた西穂稜線。前景のなだらかなハイマツ斜面の下に溶結凝灰岩と花崗閃緑岩の境目が隠れています

樹林帯のなかを歩いてきましたがそれも西穂山荘までで、その上はハイマツが主体となる高山帯へと変わります。視界も一気に開け、南側に焼岳と乗鞍岳、西には笠ヶ岳、東は霞沢岳と眼下に上高地が見えています。そして北側には、広大なハイマツ斜面の奥に鋭角的な独標とピラミッドピークが見えています。先ほどロープウェイ駅舎の展望台で確認した地質の変わり目がそのどこかにあるのですが、実際は厚く積もった岩屑とハイマツが邪魔をして登山道からは見えません。ふたつの岩石の境界は穂高カルデラの「底」でもあるので、確認できないのが残念です。

未来の穂高の姿を想う

独標からの眺望は、険しい稜線が続く奥穂高岳側と、南側のなだらかな花崗閃緑岩の斜面が対象的です。登って来た南側のなだらかな姿は未来の穂高連峰の姿を暗示しているのかもしれません。今後も隆起が進み硬質な溶結凝灰岩が侵食され続けると、いずれ花崗閃緑岩が主体の山となるからです。

では穂高岳が険しい姿を維持できるのはあとどれくらいなのでしょうか？　奥穂高岳山頂とその中腹にある岳沢小屋まではすべて溶結凝灰岩からできており（一部に閃緑斑岩を

含む)、その標高差は約1000mです。これを穂高の隆起速度で割ると残り時間が算出できます。穂高岳の隆起速度の調査データを検索すると、1999年、2005年、2008年に国土地理院が前穂高山頂でGPSを使って測量して得た「年間約5㎜の隆起」という数値を見つけました(参考資料⑯参照)。ただし2012年の調査では、2011年に発生した東北地方太平洋沖地震の影響か、2008年よりマイナス8㎜というデータもあり、これが恒常的な穂高の隆起速度だとは言い切れません。あくまで想像の手がかりとして計算すると標高差1000m÷5㎜/年=200000年となります。約20万年後には穂高は…、ということです。これが長いのかどうかは判断が難しいところですが、穂高の姿も不変でないことは確かです。

1 独標〜ピラミッドピークのナイフリッジ　**2** 独標〜丸山の稜線。硬質な溶結凝灰岩が侵食でなくなると、将来的には穂高の姿は写真2のようななだらかな稜線の山になると思われます

たった
140万年前に
生まれた岩が、
もう雲上にあります

西穂山荘上部付近にて撮影

第四紀花崗岩の発見

第四紀とは

46億年前に誕生した地球の歴史は、主に生物の進化や絶滅を基準に区分されています。古生代、中生代、新生代といった言葉は聞かれたことがあるかもしれません。哺乳類が繁栄した新生代を、さらに古第三紀、新第三紀、第四紀と区分します。最後の第四紀は、約259万年前に始まり現在に至る最も新しい時代で、この時代に地下数キロのところでマグマが冷え固まってできたのが第四紀花崗岩です。

第四紀花崗岩がとんでもないわけ

1980年頃の大学院時代、「今もっとも刺激的な発見があるとすれば、それは第四紀にできた花崗岩じゃないですか？」と、指導の先生と冗談半分の雑談をしたことがあります。つまり「そんなものはあるわけないじゃん」というのが当時の常識だったのです。なぜでしょうか？

花崗岩類の多くは、地下3㎞より深い場所で600〜800℃のマグマがゆっくり冷えて結晶化した岩石です。地下数キロの花崗岩マグマが冷却する時間は、大きなマグマ（〜1000㎦）でも100万年を大きく超えることはありません。

しかし、冷却しただけでは地表での観察はできないのです。観察するためには、一帯が隆起上昇することで地表との間にあった岩盤が侵食により削り取られ、花崗岩が露出することが必要なのです。この間、普通は数百万年以上かかります。花崗岩の年代が若いほど、地表に露出するまでの時間が短いことになり、激しい隆起上昇運動がその地域にあったことを示しているわけです。

第四紀花崗岩の存在を疑っていた私

「上高地」研究報告書（P174引用文献①）の第5

表には、地質図幅内の火成岩類の年代測定値がまとめられています（表1）。この地域の花崗岩類としては若い「滝谷花崗閃緑岩」の年代測定値をみると、第四紀を示唆する年代値が得られていたにもかかわらず、若い年代値を〝若返り〟したニセの年代値として疑っていたことがよくわかります。

年代測定にはさまざまな手法がありますが、基本的には放射壊変によって元々あった親元素が娘元素へと変化する現象を利用しています。親元素から娘元素への変化は温度や圧力の影響を受けず常に一定ですので、ある鉱物（岩石など）ができてからの経過時間（古さ）に応じて娘元素が増えていきます。娘元素が鉱物内にしっかり保持されることで、経過年数を示す時計としての役割を果たせるのですが、何らかの原因で鉱物が加熱されると、娘元素が外部に逃げ出すので、時計はリセットされます。こうした二次的な加熱による年代値の改変のことを〝若返り〟と言います。この〝若返り〟現象は決して珍しいことではないのです。

地質区分	試料 No.	岩石	Rb - Sr 法			K - Ar 法			FT 法
			全岩アイソ	内部アイソ	全岩－黒雲母	角閃石	黒雲母	アルカリ長石	ジルコン
滝谷花崗閃緑岩	17	角閃石黒雲母花崗閃緑岩	46.4 ± 1.1		3.4 - 3.0				
	16	花崗岩マサ	(n = 4)						0.80 ± 0.04 (2σ)
	15	角閃石黒雲母花崗閃緑岩				1.8 ± 1.1			
穂高安山岩類	14	安山岩溶結凝灰岩							2.8 ± 0.4 (1σ)
	13	〃							2.0 ± 0.3 (1σ)
	12	〃							1.9 ± 0.3 (1σ)

表1：「上高地」地質図幅執筆時の滝谷花崗閃緑岩と穂高安山岩類の年代測定値　1990年までに測定された年代値（単位：百万年前）を測定手法と測定鉱物別に表示している。アイソ：アイソクロン。「上高地」地質図幅（引用文献①）の研究報告書第5表から抜粋

1990年までの滝谷花崗閃緑岩の年代測定

1990年までに滝谷花崗閃緑岩について行った年代測定は、Rb－Sr法、K－Ar法、FT（フィッション・トラック）法です（表1）。Rb－Sr法の測定は、岩石2kg程度を粉砕均質化し粉末にしたもの（全岩試料）を複数使った全岩アイソクロン法と、岩石から粉砕分離した黒雲母とその母岩から得られる黒雲母－全岩年代の2つの方法で行いました。全岩アイソクロン法（4試料）では464

0万年前の値が、黒雲母－全岩からは340～300万年前と大きく異なる年代値が得られたのです。1991年に後者の年代値計算をチェックしたところ、入力値に誤りが見つかり、再計算の結果は112万年前であることが判明しましたが、「上高地」地質図幅の出版の時点では気づかずにいました。

K－Ar年代法（角閃石）は外部機関に依頼測定し、180万年前の年代を得ました。FT法ではジルコンという鉱物を用意し、北海道教育大（当時）の鴈澤好博博士に測定をお願いしたところ、結果は80万年前でした。

全岩アイソクロン年代に固執した私

このように全岩アイソクロン法を除く3つの年代測定値は若い年代値を示したにもかかわらず、これらは〝若返り〟によるものと判断し、本当の形成年代は4600万年前（古第三紀始新世）と信じ込んだ結果が「上高地」地質図幅の凡例や研究報告書だったのです。これは1試料で測定しているK－Ar法やFT法による年代値よりも、4試料が全てアイソクロン（等時線）上にのるかどうかチェックできる、Rb－Sr全岩アイソクロン年代値の方が真の形成年代を示すと思い込んだためです。

滝谷花崗閃緑岩と一連のマグマ活動の産物である穂高安山岩類のFT年代値が若い年代値を示すことも気がかりなデータでした。したがって、これらの矛盾した年代値の件は、頭の隅から離れることがなかったのです。

穂高安山岩類と丹生川火砕流堆積物

穂高安山岩類（引用文献①）は槍・穂高カルデラの範囲に堆積した火山岩で、主役はデイサイト質の火山灰が高温で固まった溶結凝灰岩です。丹生川火砕流堆積物は高山市丹生川町一帯で研究され、1976年に金沢大学のグループによって命名されました（引用文献④）。デイサイト質の火山灰が固結した凝灰岩で、基底部を除き溶結凝灰岩となっているので堆積時には600℃を超える高温だったことがわかります。丹生川火砕流堆積物の分布は広範囲にわたり、丹生川町一帯のほか、西は高山市街地の先まで、南は御嶽山北麓まで、東は松本盆地まで確認されています。ただし現在の分布は長期間の侵食を免れて残存しているもので、噴出当時は約800㎢（ほぼ半径50㎞の円）の範囲にわたり流走し、高温の火砕流が覆い尽くしたと考えられます。

完全にだまされていた私

槍・穂高カルデラのデイサイト質溶結凝灰岩と丹生川火砕流堆積物（溶結部）の試料を比べてみましょう（図1）。前者は上高地小梨平産で、やや緑がかった暗灰色基調に白い斑点状を示す斜長石結晶が多数含まれています。後者は乗鞍岳西麓の岩井谷産で、やや明るい灰色基調に透明感のある斜長石と黒い輝石の結晶が見えています。どうですか、皆さん同じ石に見えますか？ 私は1991年までの9年間、全く別の時代の火山岩だと、完全にだまされていました。

図1：穂高安山岩類（溶結凝灰岩：左）と丹生川火砕流堆積物（右）の岩石試料切断面写真　採取した岩石試料は、ダイヤモンド微粒子が刃に入った丸のこ（カッターブレード）で切断し、乱反射を除くために透明のラッカーを塗布している

丹生川火砕流堆積物は槍・穂高カルデラが噴出源だった

1991年1月のある晩のこと、前から気になっていた穂高安山岩類の溶結凝灰岩の構成鉱物、二種の輝石の化学組成を調べていた私は、丹生川火砕流堆積物に含まれる輝石の化学組成が一致することに気づきました。ひょっとしてこの2つは同じものではないか？と、斑晶鉱物の組み合わせや量比関係を確認したところ、輝石／斜長石の含有比だけでなく、2種の輝石の含有比率までが一致することが判明したのです。両者が同じということは、同じ大噴火でカルデラ内に堆積したのが穂高安山岩類（溶結凝灰岩）で、カルデラからあふれ出て四方に流走した火砕流（アウトフロー）が丹生川火砕流堆積物という

ことになります。

穂高安山岩（溶結凝灰岩）と丹生川火砕流堆積物が同じだと、どうなる？

丹生川火砕流堆積物については1991年時点で年代測定がされており、FT年代が270万年前（引用文献⑤）、K－Ar年代は230万年前と250万年前の2つの年代値（引用文献⑥）が報告されていました。若返りを起こすような二次的加熱はないことから、これら若い年代値に疑う余地はなかったのです。

これは大変なことを意味しています。穂高安山岩類（溶結凝灰岩）が丹生川火砕流堆積物と同じで若いということは、穂高安山岩中にマグマとして貫入し熱変成を与えている滝谷花崗閃緑岩はさらに若いということになる！　今までもっと古いはずだとかえりみなかった年代データが次々とよみがえり、その時私は気がかりだったモヤモヤが晴れわたり地平線の彼方まで展望がひらけていくような気分だったのです。

世界で最も若い露出花崗岩

明け方まで検討を重ねた結果、この若い花崗岩を地表にもたらしたのは北アルプスを形成した急速隆起運動に違いないと確信しました。現在私が主張している学説の大半がこの瞬間のブレークスルーから生まれたのです。その後、焦点はより精密な年代の追加測定に移ります。

1991年3月までに年代測定用の黒雲母と角閃石の分離抽出を終えた私は、新しい火成岩類の年代測定に定評のあった岡山理科大学蒜山研究所にK－Ar年代測定を依頼しました。11月末に測定結果が報告され、年代測定値は全て若い値193～100万年前を示し、ソロモン諸島イナムム岩体で報告されていた年代値256～149万年前を抜いて、世界で最も新しい露出花崗岩体であることが明らかになったのです。

その後の滝谷花崗閃緑岩研究

国際的な学術誌（『ジオロジー』）に世界最新の滝谷花崗閃緑岩の論文（引用文献⑦）が掲載された

ことで、30人以上の海外研究者から別刷請求の要望が寄せられ、反響の大きさに驚きました。その後、滝谷花崗閃緑岩を研究対象にする研究者も続々と現れ、U－Pb年代測定（引用文献⑧）のほかマグマとしての性質や固結した深度、隆起速度などが論じられてきました。第四紀の始まりが178万年前から259万年前に定義変更されたこともあって、滝谷花崗閃緑岩が第四紀花崗岩であることが確実となりました。

2000年代以降はジルコンの微細領域（～10μm）のU－Pb年代測定が主流となりました。滝谷花崗閃緑岩は3回のマグマ注入があったことは野外踏査からわかっていましたが、これもジルコンのU－Pb年代により160万年前、150万年前、120万年前の時期のマグマ注入があったことが明らかになったのです（引用文献⑨）。また西穂高岳丸山ではジルコン粒子の中に160万年前、100万年前のほかに、80万年前の極めて若いU－Pb年代値が報告されています（引用文献⑩）。

山崩れなどで押し出された滝谷花崗閃緑岩の礫（写真左前）が、梓川の流れの中に点在しています

10

槍・穂高を押し上げた巨大な力

槍・穂高誕生編の締めくくりとして、隆起する山の様子を想像してみましょう。カルデラがあったこと、世界一若い花崗岩が現れていること、すべてがつながると科学番組のCG映像を見るように山々が動き出すはずです。

約300万年前ごろから日本列島周辺の海洋プレートの動きに変化が現れ、東北から中部地方を中心に、強く押す力がかかるようになります。地学の世界ではこれを「東西圧縮」と呼んでおり、その現象は今も続いています。

倒れながら隆起する槍・穂高連峰

東西圧縮の始まりは約300万年前ですが、その巨大な力が北アルプスを持ち上げ始めたのは約140万年前のこととされています。槍・穂高に関しては、地下にマグマがあったことから特異な隆起の仕方を見せます。図10－1を使って説明します。①は隆起が始まる前の穂高岳の地下の様子です。穂高カルデラには溶結凝灰岩が厚く堆積し、地下にはマグマが冷えて固まった直後の滝谷花崗閃緑岩が控えています。注目はそのマグマだまりの下

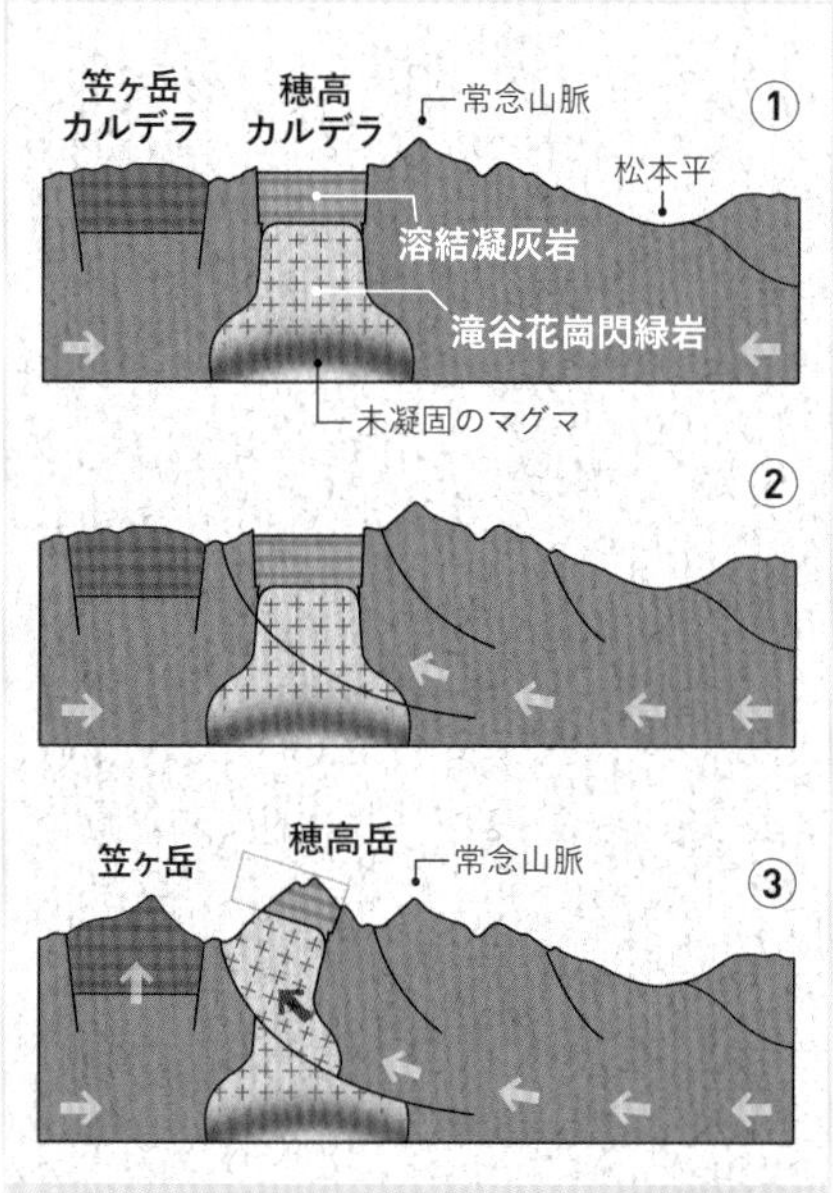

図10-1：槍・穂高の傾動の仕組み。参考資料① P89の図を基に作成

には未凝固の熱いマグマがまだ残っていたことです。東から大地を押す力は、固体である岩盤には伝わっても、液体であるマグマに伝わらず、図の左上方向にある岩石層へとそれてしまいました。その結果、②のように左上がりの断層が発生します。力は断層に沿って伝わるので、大地は③のように弧を描きながら隆起したのです。

槍・穂高連峰は、真上にではなく、少し東に倒れるように隆起していきます。このような隆起を「傾動」と呼んでいます。これは後立山連峰の一部でも起こっており、特に爺ヶ岳周辺での傾動は激しく、槍・穂高周辺が約20度なのに対して、爺ヶ岳ではなんと約80度も傾いています。カルデラがほぼ横倒しになる傾動で、このことだけでも本が一冊書ける衝撃的事実です。

東に傾いている槍ヶ岳の穂先

では今の槍・穂高連峰に傾動の証拠を探してみましょう。わかりやすいのは5章で紹介した南岳山頂部に堆積した地層です。この時は礫岩層の存在に焦点を当てましたが、今回は地層の傾斜に着目します。地層の様子がよくわかる北穂高岳から見ると、すべての層が揃って約20度の角度で東に傾いているのがわかります。またその奥に見える槍ヶ岳の穂先も東に倒れています。槍の穂先は端正な三角錐に思えますが、山頂から垂直の線を垂らしてみると三角錐のど真ん中を通らず東に寄ります。槍ヶ岳山荘付近から見る小槍の柱状節理

1 北穂高岳から見た南岳の地層　2 小槍の柱状節理。ともに地層面や節理が東に約20度傾斜しています

もやはり東に20度傾いています。

真上に隆起する笠ヶ岳

　ただ、この傾動も谷ひとつ隔てた笠ヶ岳には及んでいません。次ページの写真2は、西穂高岳の稜線から見た笠ヶ岳ですが、山頂付近から中腹にかけて真横に何本かの地層の縞模様が確認できます。笠ヶ岳は、穂高と同じくカルデラ噴火でできた山で、この縞模様はカルデラ内に堆積した火山噴出物の断面です。ただしカルデラ噴火を起こしたのは約6700万年前と穂高に比べるとかなり古く、笠ヶ岳はユーラシア大陸生まれの山です。注目すべきはその地層がどの方向から見てもきれいな水平を保っていることです。すなわち笠ヶ岳は傾動せずに真上方向に隆起しているのです。

　槍・穂高も笠ヶ岳も大きな力により北アルプスの山として隆起してい

1 大喰岳から見た槍ヶ岳。穂先の傾動がわかるのは南北方向（槍・穂高の主稜線）から見た場合のみで、東西方向（常念山脈や樅沢岳）からは確認できません　**2** 西穂稜線から見た笠ヶ岳。山頂部から中腹にかけて地層の縞模様が見えます

ますが、それは必ずしも同じ動きをするわけではありません。断層に支配され、局所的な動き方もあることを、穂高岳と笠ヶ岳の関係は教えてくれています。この動きにより、槍・穂高連峰は選ばれたように標高を上げ、古参の常念岳や笠ヶ岳を抜き去りました。その性急な隆起は、滝谷花崗閃緑岩を早々に地表に押し出したことにも表れています。

涸沢岳山頂で 槍・穂高の隆起を想像する

槍・穂高連峰の誕生編の締めくくりとして、山の上で隆起の様子を想像してみましょう。その最適な場所として、涸沢岳の西尾根をおすすめします。山頂から少し西に歩くと北穂高岳に続く縦走路の下降点に着きますが、そのあたりからは槍・穂高連峰の飛騨側斜面が一望できます。南岳山頂部の傾動した地層が見えていることもポイントです。

まずはこの大パノラマのなかに、傾動が起きている断層を線として描きましょう。断層の名前は「境峠断層」と言い、位置としては槍・穂高と笠ヶ岳の間に横たわる中崎尾根の左俣谷側斜面を通っており、樅沢岳の手前で西鎌尾根を越えて野口五郎岳へと延びています。残念ながら穂高からは大半が死角になっており、「中崎尾根の向こうあたり」と頭の中で描くしかありません。

線が描けたらそこを境に槍・穂高連峰を東に傾けながら隆起させてみましょう。漫画の描写によく出てくる「ゴゴゴ！」という効果音を脳内で足してもよいです。科学番組で流れるCGのような動き方が理想ですが、単純なワンアクションでよいので風景を自分で動かしてみることが大切です。私自身、実際に涸沢岳でこのような想像をして鳥肌が立つような感激を味わいました。

涸沢岳より槍ヶ岳・裏銀座方面を撮影

断層を境に
槍・穂高を右に少し傾けながら
隆起させてみましょう

11 雪渓と氷河、どこが違う？氷河の基本

この章からは氷河編がスタートします。写真や映像ではよく目にしても、なかなか身近な存在とは言えない氷河ですが、「槍・穂高の眺めに氷河の姿を重ねる」を目標に解説していきます。

地球上にある氷河は、「氷床」と「山岳氷河」のふたつに分けることができます。氷床は大陸を覆うような広大で分厚い氷体で、「大陸氷河」と呼ばれることもあります。現在は南極大陸とグリーンランドの2カ所に存在しています。面積比は9割強が氷床、残り1割弱が山岳氷河で、氷床がそのほとんどを占めています。山岳氷河は寒冷な山岳エリアで見られる氷河で、本書ではこちらを中心に解説することで、槍・穂高に流れていた氷河の再現を試みます。

雪渓と氷河はどこが違うの？

夏の日本アルプスで見られる雪渓と氷河の違いは何でしょう。これは氷河の定義にも通じますが、氷体として動いているか否かです。研究者からなる日本雪氷学会の氷河の定義には「重力によって長期間にわたり連続して流動する雪氷体」とあります。すなわち雪渓には「流れる」という動きがないので、氷河とは言えないのです。

立山山頂の雄山神社から俯瞰した御前沢氷河。2013年6月の観測では、氷河上流部で36m、下流部では27mもの氷厚を確認

雪渓を照らす月光。白出のコルより撮影

2012年、北アルプス北部にある立山の御前沢雪渓と剱岳の三ノ窓雪渓・小窓雪渓が、氷河であると学会発表されました。立山カルデラ砂防博物館による主導で、GPSなどを使って流動の有無を調査測定した結果、ヒマラヤの小氷河と同程度の動きがあることが確認されたのです。特に三ノ窓雪渓については、氷体の最大の厚さが約70m、長さは約1200mものスケールがあり、その流れる速度は秋季の1カ月間で約30cmでした。当時、日本に氷河はないと思っていたので、驚きとともにとてもうれしいニュースでした。その後も調査は続けられ、2023年春の時点では、立山の真砂岳にある内蔵助沢、剱岳の池ノ平、鹿島槍ヶ岳のカクネ里、唐松岳の唐松沢が氷河として認定されています。残念ながら槍・穂高周辺にはその可能性のある雪渓はなく、積雪量の違いが要因と思われます。

氷河を収支バランスで考える

降雪量と氷の蒸発量をお金の出入りに例えると、氷河の構造が理解しやすくなります。毎年初夏の涸沢にはヒュッテ裏にある池ノ平からカール上部にかけて大きな雪渓がありますが、たいていは秋までにはきれいに解けてなくなってしまいます。すなわち涸沢では収入（降雪量）をすべて使い切ってしまうのです。次年に繰り越す貯金がない場所には氷河はできません。先に紹介した北アルプス北部の一部の沢では、降雪量

1 2020年8月12日撮影　**2** 2020年9月21日撮影。2020年の涸沢の雪渓を定点撮影しましたが、秋まで持たずにすべて消えてしまいました。越年しない涸沢の雪渓は氷河にはなれません

が蒸発量を上回っているので収支は黒字となり、氷河が現存できるのでしょう。

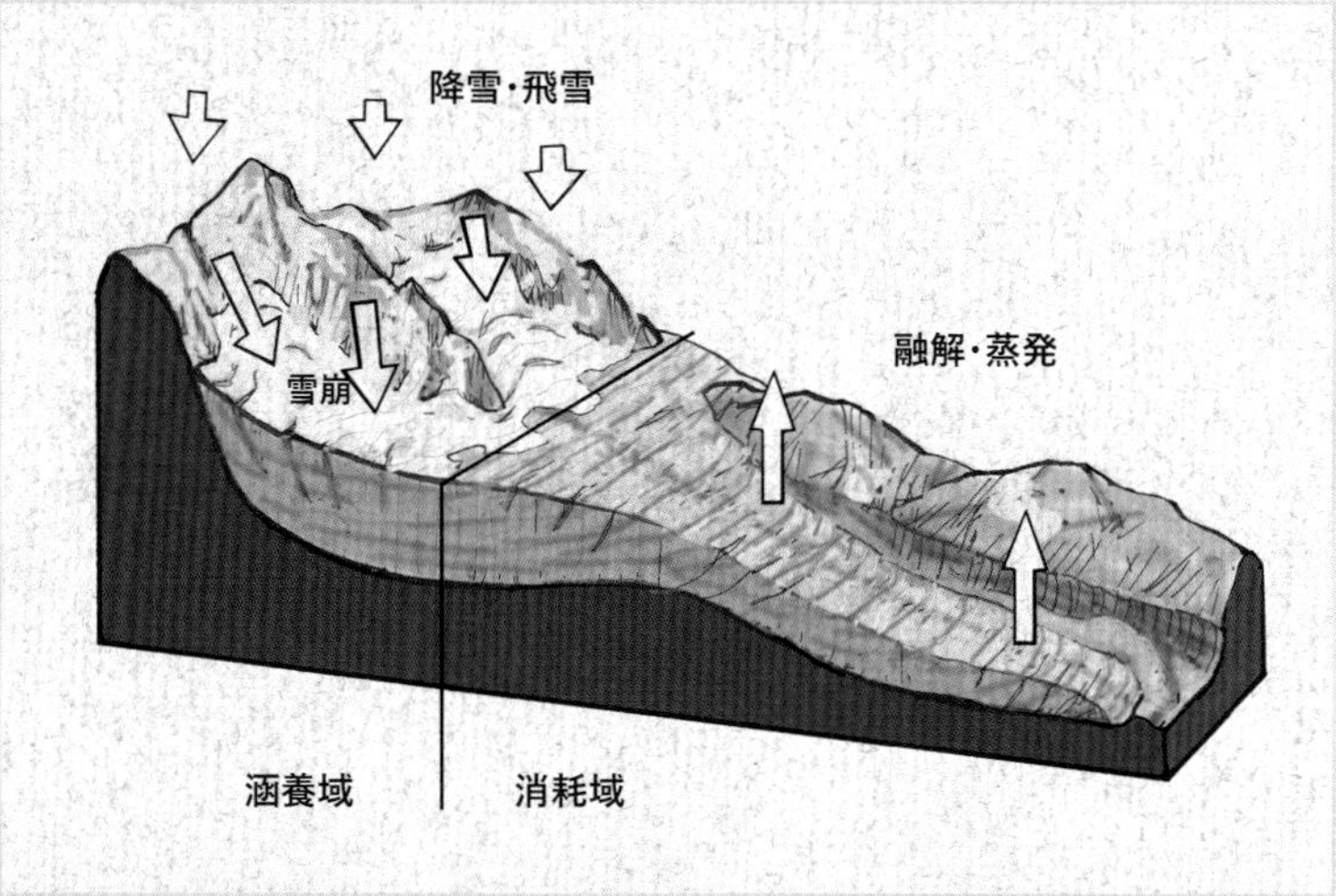

図11-1：山岳氷河の涵養域と消耗域のモデル図。フィルンの広がりの下限あたりが涵養域と消耗域の境界に相当します

山岳氷河の上流部と下流部では、収支バランスの偏りに違いがみられます。寒冷な上流側では、降雪量が蒸発量より多いので氷河は厚くなり、逆に下流側では、降雪量より蒸発量が多いので氷河は薄くなります。上流で蓄えられた氷は質量が増すことで下流側に移動し、蒸発した分を補っています。この一連のやり取りこそが氷河が流れる仕組みです。上流の氷を蓄えるエリアを「涵養域」、氷が消えるエリアを「消耗域」と言います（図11－1）。

消耗域で氷河を解かす主な要因は、太陽の日差しと気温です。解けた氷河は融水として流れ出すか、水蒸気として大気に放出されます。寒冷な南極大陸の氷床では全域が涵養域であり、増え続ける氷河を海に氷山として分離することで収支を保っています。山岳氷河の場合、収支のバランスが取れている氷河であれば見かけの大きさに変化はありませんが、近年は消耗域の縮小・後退が目立っています。

新雪が氷河になるまで

降ったばかりの新雪はとても軽く、密度を数字で示すと0・1g／㎤しかありません。積雪が増えるとその重みで隙間がつぶされ「しまり雪」（0・3g／㎤以上）になります。さらに昼夜の寒暖により融解と凍結が繰り返されると粒の粗い「ざらめ雪」へと変化します。夏の日本アルプスの雪渓は、この状態にあります。

ざらめ雪が越年するとさらに密度が増し、0・5g／㎤を超えた時点で「フィルン」と呼び名が変わりま

新雪
（0.1g/㎤）
⇓
しまり雪
（0.3g/㎤）
⇓
ざらめ雪
⇓
越年
⇓
フィルン
（0.5g/㎤）
⇓
氷河氷
（0.83g/㎤以上）

図11-1： 新雪から氷河氷になるまでの過程

上流部に広がる白い残雪の下にフィルンがあります。スイス・ゴルナー氷河にて

す。写真は夏のスイスアルプスの氷河を撮ったものですが、上流側に見える白い残雪の下に越年したフィルン層があります。涵養域では、年を越すたびに新たなフィルンが生まれ、下の古いフィルンは徐々に氷へと変化し、密度が0・83g／㎤を超えるとようやく「氷河氷」となります。

氷河が流れるメカニズム

氷河による侵食（氷食）と聞くと、巨大な氷塊が大地を粉砕しながら流れるようなイメージがあるかもしれませんが、氷体には工事現場で目にする重機のような破壊力はありません。氷河の流動についてはふたつの大きな柱があり、それらが個別に、もしくは複合していると考えられています。ひとつ目は氷河と岩盤の間を流れる水により滑ることです。特に山岳氷河の場合は、この水による底滑りが氷河流動のポイントになります。

もうひとつは「可塑変形」という、氷が持つ特性によるものです。氷は少し押したくらいでは変形しませんが、強い力で押し続けると、ゆっくりと形を変えながら力に対応します。例えば、氷河の流れる先に尾根などの凸部があると、衝突して壊すのではなく、その形に沿うように氷体を変形させながら少しずつ乗り越えていくのです。その際に氷河の底やその中に含まれる岩屑により、凸部の岩盤を丸く削っていきます。

涸沢で見る氷食の痕跡

次ページの写真1は、涸沢カールから見上げた「獅子岩」と呼ばれる岩峰です。これを奥穂高岳への登山ルートであるザイテングラートから眺めたのが写真2です。岩峰だと思っていた獅子岩は、側面から見ると岩尾根であることがわかります。岩尾根の上流側を見ると柔らかな曲線になっていますが、これは氷河が岩場を乗り越えた際に研磨したもので、その柔らかな形から

消えた「氷河期」という言葉

研究者の間では、「氷河期」という言葉は曖昧な要素が多いため、現在では使われなくなりました。まず氷河に関する期間を表す単位として最大のものを「氷河時代」と言います。これは地球上のどこかに大陸規模の氷床がある期間を指します。さらにその次の単位として、氷河時代のなかでも比較的気温が低く、広範囲が氷河に覆われる時期を「氷期」と言い、少なくとも数万年以上の期間があることが目安です。また氷期と氷期の間の比較的温暖な時期を「間氷期」と呼びます。このルールに従って今現在の状況を表現すると、南極とグリーンランドには氷床があるので氷河時代の最中であり、そのなかの間氷期にあたります。「氷河期」という言葉は、使う人によっては「氷河時代」の意味であったり「氷期」であったりしたことから、間違いを防ぐために使わないようになったそうです。

マンハッタンのセントラルパークにある羊背岩。北米大陸の北側は、最終氷期には厚く氷床に覆われていました。その頃の痕跡が今も公園内で見られます。写真提供：河東三代子氏

「羊背岩」と呼ばれています。また研究者は「ロッシュ・ムトネ」という仏語を使うことが多いようです。

ポイントは、上流側の曲線に対して下流側が直線的な崖になっていることです。これは大きな岩がブロックのように剥ぎ取られたことでできたものです。研磨ならイメージできますが、「剥ぎ取り」とはどういうことなのでしょう？　順を追って話すと、地形の凸部の前面側では、氷河の底は突起状の岩に押されて圧力がかかるため、寒冷下であるにもかかわらず氷の一部が解けだします（圧力融解）。その水

獅子岩
1

1 涸沢ヒュッテ付近から見上げた獅子岩　2 ザイテングラートから見た獅子岩の側面。乗り越える氷河と削られる尾根を意識して観察しましょう

2
上流側は
研磨され丸く
下流側は剥ぎ取られ
急崖になる

は岩の表面を伝って下流側に流れますが、圧力融解の影響がなくなるとすぐに氷結して氷河の底に氷として返っていきます。この時、岩盤の割れ目に浸み込んだ水も氷化し、岩を抱きかかえるように剥ぎ取って、氷河の中に取り込んでしまいます。これが剥ぎ取りのメカニズムですが、要約すると、解けだした水が再氷結して氷河に戻る際、岩盤の一部を剥ぎ取ってしまうというものです。氷河の中には大量の岩屑が混じっていますが、このような過程で取り込まれたものです。

氷河に乗り上げられた凸部の上流側と下流側ではまったく異なるメカニズムで氷食は進んでいきます。研磨と剥ぎ取りのコンビネーションがその基本モデルです。氷河による侵食をブルドーザーのようなイメージで捉えるのは実は間違いなのです。

天狗原で見る氷河の研磨と剥ぎ取り

天狗原にある羊背岩。硬質な穂高の溶結凝灰岩からなる岩尾根なので、本来なら鋭角的なシルエットになりますが、左上から流れて来る氷河により、上流側は研磨され丸くなだらかになっています。また下流側は岩がブロックで剥ぎ取られたことで崖になっています

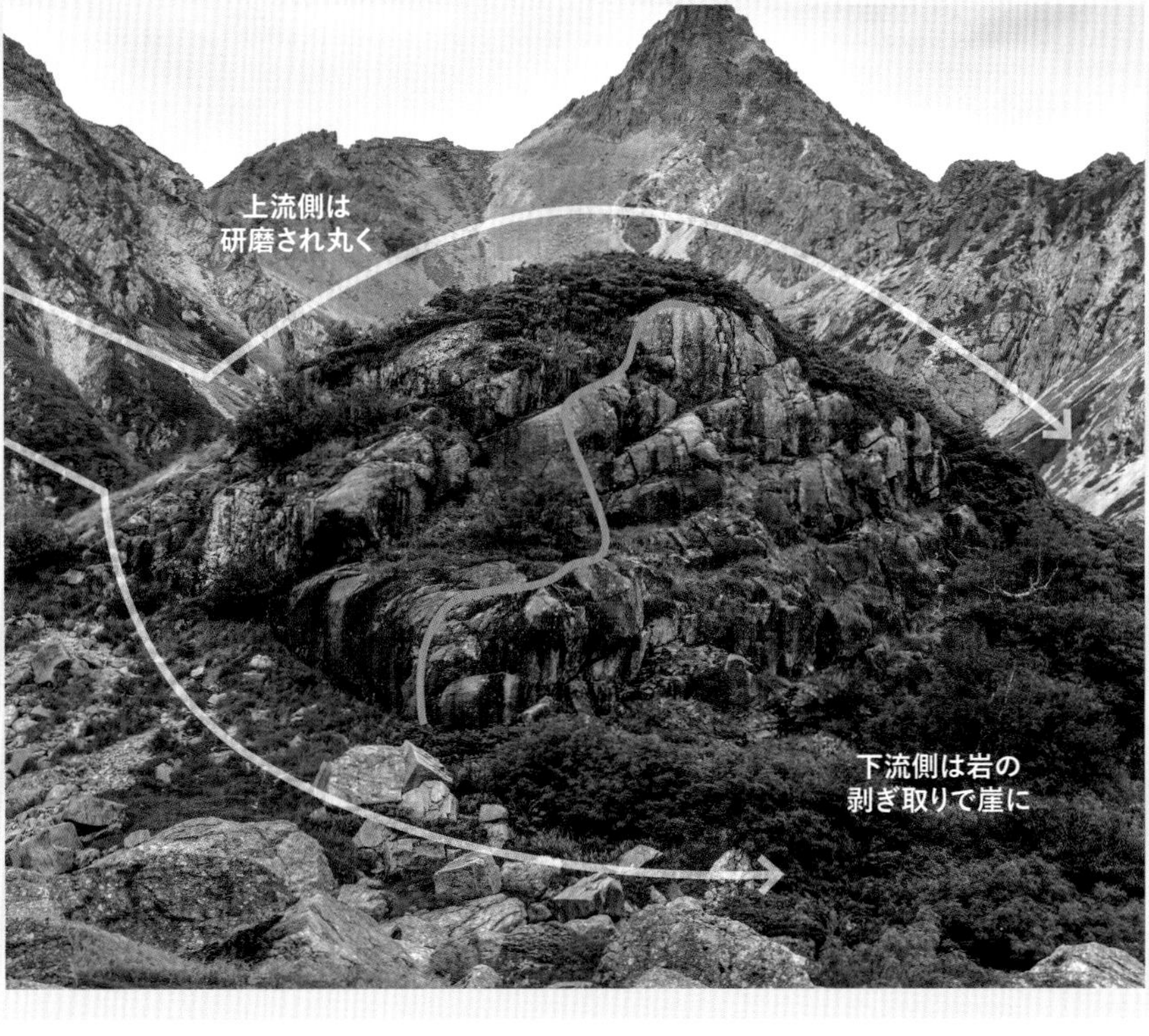
上流側は
研磨され丸く
下流側は岩の
剥ぎ取りで崖に

12

氷河地形のビフォー・アフター

スイスのツェルマット周辺を流れる氷河と槍・穂高に残る氷河地形の写真をセットにして並べてみました。双方を見比べていると、氷河地形の上にかつて流れていた氷河が思い浮かんできます。

氷河によってできた地形を「氷河地形」と言います。図12-1は、氷河地形全般のビフォー・アフターをモデル化したものです。谷の源頭部にたまった雪が氷河となり、その重みで半椀状のカールを作ります。そこからあふれた氷河は谷をU字に削りながら流れ下り、岩屑を末端に堆積させながら最後に消えてしまいます。この大筋を念頭に置きながら、それぞれの氷河地形のビフォー・アフターを見ていきましょう。

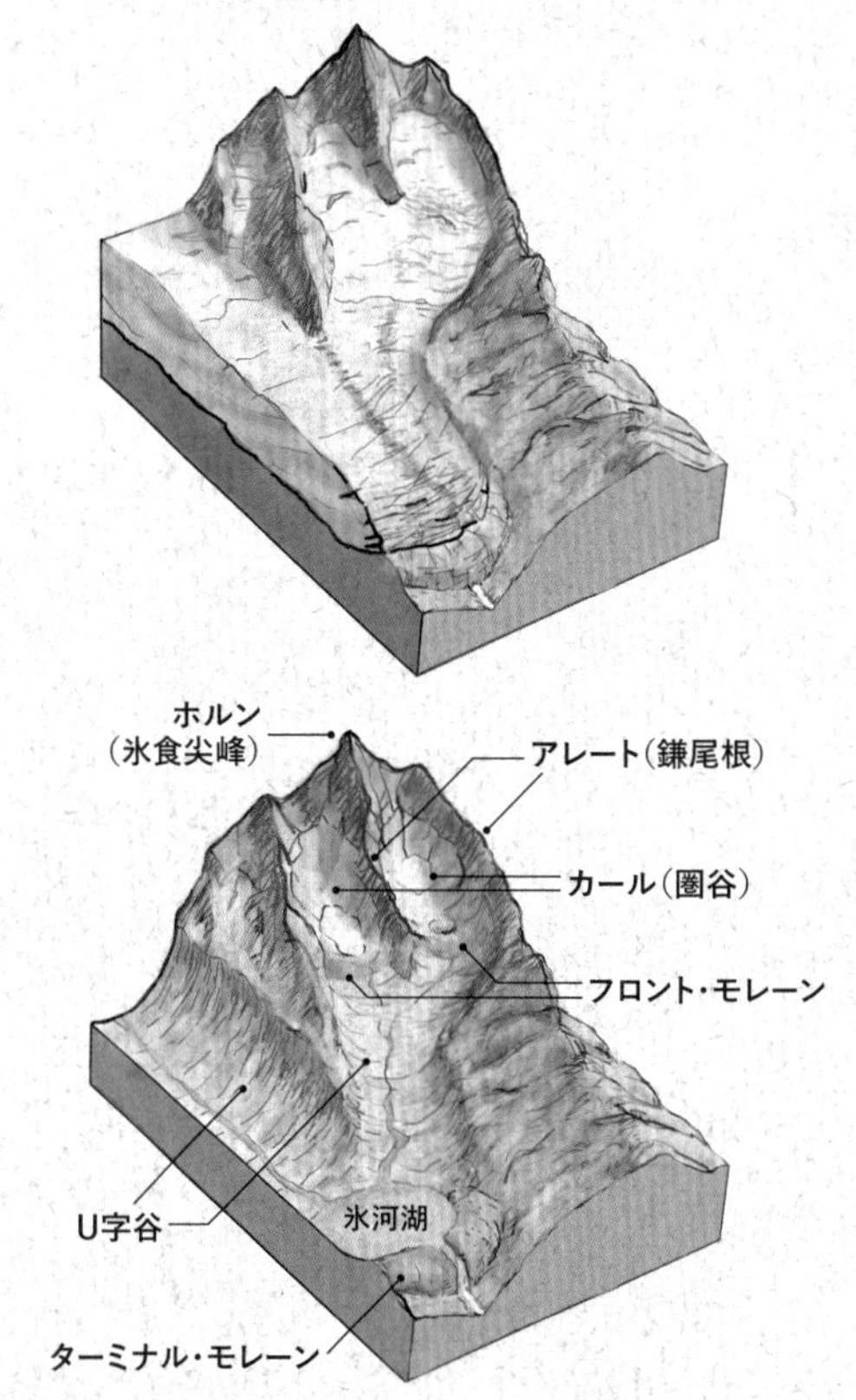

図12-1：氷河地形のビフォー・アフター。五百澤智也画「山地の氷河模式図」「氷河作用をうけた山地模式図」を参考に作画

穂高に似た山を探し、氷河のイメージを借ります

常念岳からの穂高連峰（上）、オーバーガーベルホルン（下）

1 谷の源頭にできるカール氷河。オーバーガーベルホルン（スイス）のカール氷河　**2** 北穂南稜から俯瞰する涸沢カール。氷河の重みで山の斜面をえぐるように削ることで、独特の半椀状をした形状の谷が生まれます

①カール氷河とカール地形
氷河の源頭部

一般に稜線直下にある谷の源頭部はゆるやかな斜面と適度なくぼみがあり、降雪や風に飛ばされた雪、周囲からの雪崩などが集中する場所です。そこにできるのが「カール氷河」（日本語では「圏谷氷河」）で、それによってできた地形を「カール地形」（圏谷）と言います。源頭にたまった大量の雪は氷河となり、重量が増したことで源頭斜面を削り、弧を描くように滑り始めます。カール地形がお椀を半分に切ったような形をしているのはこのためです。鋭角的な直線で構成された高峻山岳の稜線付近でこの半椀状の窪みはとてもよく目立つので、比較的容易に見つけることができます。ただ最近は調査が進み、カールだと思われていた地形が山崩れの跡だったという事例もあるようです。

槍・穂高連峰のカール地形

涸沢は、よほど理想的な地理的条件を備えていたのか、槍・穂高連峰のみならず日本最大のカール地形となりました。地図上でそのサイズを測ってみると東西約1㎞、南北約1・7㎞でした。この他にも槍・穂高の信州側斜面には、大キレットカール、本谷カール、天狗原《てんぐっぱら》カール、

槍沢のカール群と、大型のものがズラッと並んで壮観です（116ページの写真上）。それに対して飛騨側斜面のカールはサイズも小さく、形もはっきりとしません（116ページの写真下）。またカールの底の標高が信州側に比べて高いという傾向もあります。飛騨側は、滝谷など険しい岩壁がそびえ立ち、氷雪を十分に蓄えることができる場所がなかったからと考えられています。剱岳も氷河によって削られた山ですが、同じ理由でカール地形は見られません。

さらにカールのサイズは積雪量によっても変わります。冬の日本列島は北西からの季節風を受けますが、北アルプスの場合、風上となる北西斜面より風下側の南東斜面の方がはるかに積雪量は多くなります。これは猛烈な季節風が積もった雪を風下側に飛ばしてしまうからで、積雪量が多いほどカールのサイズも大きくなります。槍・穂高連峰の信州側（東側）と飛騨側（西側）のカールの大きさの差も、その違いが関係しています。そのあたりは南岳〜槍ヶ岳を縦走する際、東西の地形を見比べると一目瞭然です。

②山岳氷河の象徴的景観 谷氷河とU字谷

谷氷河は、その字のとおり谷を流れ下る氷河のことで、数キロ程度の短いものから、いくつもの支流を集

1 谷氷河の典型的風景。モンテローザを源流とするゴルナー氷河　2 北穂高岳から見る横尾谷。谷の断面にU字が見えます

めて流れる大河を思わせるようなものまであります。その表面は、岸に比べると中央部の方が流れる速度が速くなるため、氷に裂け目（クレバス）が生じます。また滝になるような段差がある場所だと、氷河は塔状の氷塊（セラック）となり、崩れるように流れます。氷河の滝という意味で氷瀑（アイスフォール）と呼んでいます。

　谷氷河によりできた地形が「U字谷」です。河川による谷の侵食の場合、谷底を川という一点が削るのでその断面はV字形になりますが、固体である氷河の場合は谷底だけではなく側面も削るのでU字形となります。槍沢には全体的に形の整ったU字谷が残っています。その形状は谷の中から見上げるよりも、主稜線や谷をへだてた対岸の山（蝶ヶ岳など）から見た方が、特徴がはっきりわかります。

③ホルンとアレート
削り出された尖峰と刃

　3つないし4つのカールが互いに背中合わせになって山を削ると、残った部分は尖った岩峰へと変化します。先ほどカール地形を「半椀状」と例えましたが、今度はテーブルの上に4つの汁椀を四角形に並べてみましょう。その中心にできた隙間は

背中合わせのカールがホルンとアレートを削り出したことがよくわかります。オーバーガーベルホルン（スイス）

あのマッターホルンの土台の形そのものです。このように複数のカールの氷食によりできた峰を「ホルン」（氷食尖峰）と言います。日本の山では、槍ヶ岳がその代表と言われています。

　また2つのカール、もしくはU字谷が背を合わせて尾根を削ると、刃のような鋭い尾根になります。地形用語ではフランス語の「アレート」が使われますが、日本語では「鎌尾根」と呼んでいます。槍ヶ岳を中心に派生する東鎌尾根、北鎌尾根、西鎌尾根は、その名のとおりアレートの典型と言えます。

横尾尾根をやせ尾根に削った天狗原カールと本谷カール

④山頂氷帽 山頂を氷で覆う

「山頂氷帽」は、平坦な尾根やそれに続く山頂部に覆いかぶさるように広がる小さな氷河を言います。これとは別に単に「氷帽」という用語もあり、これは5万㎢以下の大地を覆う氷河を指します。形状は似ていてもスケールがまったく違うので、「山頂」をつけて区別します。ちなみに5万㎢を超える氷河は、大陸規模の氷床を指します。大地を覆うタイプの氷河を面積の広さで並べると、氷床、氷帽、山頂氷帽となります。

　山頂氷帽が消えたあとは、比較的なだらかで平坦な地形が現れます。双六岳の東側に広がる平らな地形が実はそうではないかと言われていま

山頂にかぶさるように乗る山頂氷帽。ブライトホルン（スイス）

す。槍ヶ岳へ向かう一本のまっすぐな登山道が印象的な場所ですが、この上を覆う山頂氷帽を想像すると、絶景の見え方も違ってきます。

⑤モレーン
氷河が運んだ岩屑の堆積堤

氷河の中には、氷食で取り込んだ岩屑や、研磨によってできた細かい砂や粘土が大量に含まれています。それらは氷と一緒にベルトコンベアのように下流に運ばれ、氷が解けてなくなる場所に積まれて堰堤のような地形を作ります。これがモレーンです。ただそれができるためには、岩屑を積み上げるための長い時間が必要です。2018年にスイスのツェルマット周辺で氷河を取材しましたが、その17年前の2001年に知人が撮った写真と比較すると、目測と地図アプリでの簡易計測で、小さな氷河の末端は約600mも後退していました。この速度で氷河が後退している間はモレーンはできません。涵養域と消耗域の収支バランスが取れる位置で再び氷河末端が静止した時、新たなモレーンが作られ始めるのでしょう。

1 ブライトホルンの南西斜面に広がる山頂氷帽　**2** 双六岳の東側に広がる平坦地。山頂氷帽が削ったと考えられています

フロント・モレーンの位置からわかること

氷河の末端は舌先のような形をしており、それに沿うように積み上げられたモレーンは三日月状の形になります。名称は「フロント・モレーン（前面モレーン）」と言います。槍・穂高の谷に残るフロント・モレーンは、かつての氷河の末端の位置を知る重要な手がかりです。

大切なことは、下流のフロント・

モレーンほど古い時代に作られたということです。氷河が前進する時はモレーンを壊して進むので後には何も残りませんが、逆に後退していく時はそのまま残ります。よっていちばん下流にあるフロント・モレーンがいちばん古く、その谷を流れていた氷河の最大全長を知る手がかりになります。終着点という意味をこめて、最下流にあるフロント・モレーンを「ターミナル・モレーン」と呼びます。

氷河表面の縞模様 メディアル・モレーン

モレーンは末端部にだけできると思われるかもしれませんが、氷河の側面にもできます。氷河の運搬力が及ばなくなった岩屑は、側面であってもその場に置いていくからです。氷河側面のモレーンを「ラテラル・モレーン（側方モレーン）」と呼び

氷河が後退したことで現れた氷河地形とモレーン

ゴルナー氷河に見られるメディアル・モレーン

ます。では、氷河と氷河が合流するとラテラル・モレーンはどうなるでしょう。普通の川であれば混じり合ってしまいますが、固体が流れる氷河の場合はそうはいきません。合流点で双方のラテラル・モレーンが合わさり、「メディアル・モレーン（中央モレーン）」という名に変わって、そのまま氷河の中に残りながら下流へと続きます。大きな氷河の表面に、流れと平行に茶色い岩屑の筋が幾本も並んでいるのを見たことがあると思いますが、あれらはすべて上流で合流した時にできたメディアル・モレーンです。上の写真にも何本かそれが写っていますが、上流で合流した氷河の数を示しています。穂高に流れていた氷河を想像する時、例えば涸沢と本谷の合流後の氷河にこのメディアル・モレーンの縞模様を描き加えることができたら、よりリアリティが増すはずです。

⑥氷河湖
日本では山上の別天地、しかし海外では決壊も

氷河湖は、氷食によってできた窪地や、モレーンによって沢が堰き止められてできたものなど、氷河によってできたすべての池を指します。涸沢カールの池ノ平、逆さ槍を映す天狗池、一般ルートはありませんが北穂池などがそうです。

海外の氷河湖では、氷河の解ける速度が速くなったことで融水が増し、堰き止めていたモレーンが決壊、下流の村を襲うという災害が発生しています。水を抜いたり、モレーンを補強したり、それでもダメなら住む土地を捨てるなど深刻な問題になっています。

穂高に「懸垂氷河」はかかっていたか？

「懸垂氷河」とは、急な斜面にへばり付いている小さな氷河のことです。見るからに不安定で絶えず崩落の危険がありますが、それでも単に静止しているのではなく、あの急崖をゆっくりと滑動しています。氷が持つ「硬いのに柔らかい」という不思議な特性を見た気がしました。

涸沢にあれだけ大きなカールができたことから、氷期の奥穂高岳や涸沢岳の信州側斜面には相当の積雪があったと思われます。そしてそこに懸垂氷河がかかっていても不思議ではありません。想像で描く氷河にも懸垂氷河を描き加えたく、山にその痕跡を探してみると、凹凸がなく何かに磨かれたような岩壁を見つけることができました。ただし雪崩が繰り返し落ちることでもそのような地形になることから、それが氷食なのか否かが私には判断できません。もどかしいのですが、でもしっかりと観察し、その可能性を考えることは決して無駄ではありません。むしろ地形観察登山の楽しさをこのような時に感じます。

カストール峰（スイス）の岩壁にかかる懸垂氷河。落ちないのが不思議です

懸垂氷河の存在を感じた岩肌。ここだけが磨かれたように滑らかで、雪庇が伸びて懸垂氷河になったのでは？と推測しますが、真偽はどうでしょう。涸沢岳と白出のコルの中間あたりで撮影

どこから見ても
槍ヶ岳は
目を引きます

蝶ヶ岳より　大喰岳より
樅沢岳より　燕岳より

13

槍ヶ岳になれなかった中岳

槍の穂先はたかだか標高差120mの小さな岩峰です。遠くから見ると棘のようなものですが、なぜかそれが放つオーラは半端なく強く、目を引きつけます。私感も交えながら穂先について話します。

槍ヶ岳の穂先を作る岩石は、約175万年前にカルデラ噴火によってできた凝灰角礫岩です。この岩石はとても硬質で割れにくく、この特性があったからこそ槍の穂先が生まれました。常念岳のホルンフェルスと同じで、トップが硬質だと先端は自然と尖るのです。

傾いた槍の穂先のでき方

槍ヶ岳は氷河が削った氷食尖峰であると前章の氷河地形でも触れました。穂先を中心に四方に延びる4つの沢はすべて氷河によって削られたU字谷であり、その間にある3つの尾根は「鎌尾根」という文字が地名につくほどの典型的なアレートです。その交点に位置する槍の穂先は、足元を氷河によって少しずつ削り取られることで、自身も徐々に細く尖っていったと思われます。

ただこれに関して、私はひとつ疑問がありました。少し前に槍・穂高連峰がプレートに強く押されたこと

槍ヶ岳山荘付近から見上げた槍の穂先

槍ヶ岳山頂から俯瞰した東鎌尾根。槍沢と天上沢を流れていた氷河が削ったアレートです

で東に傾きながら隆起していると話をしましたが、氷河が穂先を削ったのならば、氷期が終わったこの約1万年の間に穂先が傾いたことになるからです。これは地学的な時間の感覚としては明らかに短く、考えにくいことです。原山先生にこのことをお聞きすると、槍の穂先の傾きは、中に走る節理（岩の割れ目）の方向

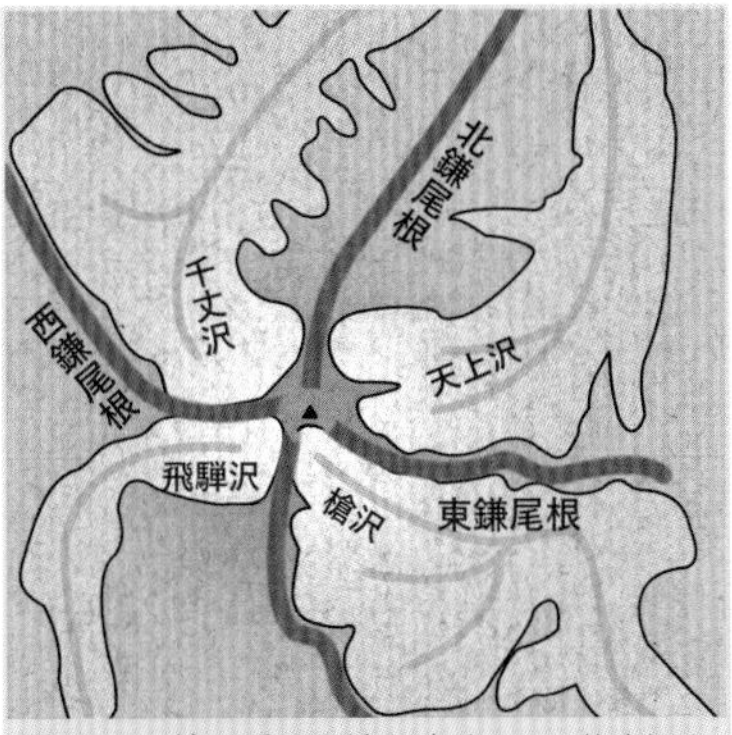

図13-1：槍ヶ岳から流れ出す4つの谷氷河と鎌尾根。参考資料⑩P112を基に作成。

によるもののことでした。順を追って話すと、穂先の節理は岩体が誕生した時点では縦方向にまっすぐ走っていましたが、約１４０万年前、東に傾きながら隆起し始めたことで、節理自体も斜めに傾いていきました。すぐに風化と侵食が始まりますが、下向きになった東側の節理は重力の影響を受け、岩の剥落も多くなり急な斜面になります。それに対して上向きとなった西側の節理は、風化・侵食がゆっくりと進むことでなだらかな斜面になります。その結果、東側と西側で不均衡に侵食が進み、東に向かって傾いたように見える岩峰になったというのが真相です。私が誤解していたのは、真っすぐに立った円錐形の槍の穂先が侵食や氷食によって削り出され、それが傾動により今のように傾いたと考えたことでした。傾動が始まった約１４０万年前から今日まで、その偏った侵食は続いており、氷食作用もその影響の中で行われていたのです。さらにこの先の穂先について原山先生は、東側の侵食量が多い傾向はこのまま続き、ピークの位置は徐々に西側に移動しつつ、穂先自体は消えていくと予想されています。

槍ヶ岳になれなかった中岳

私は山の写真を撮り始めたばかりの頃、蝶ヶ岳から撮られた厳冬期の

槍・穂高のモノクロ写真を見て、尖る中岳を槍ヶ岳だと見間違えたことがあります（101ページの写真上を参照）。この時から私の中で槍ヶ岳と中岳は似ているという思いが芽生えました。地図を見ると、槍ヶ岳ほど大きな沢ではありませんが、中岳からも四方に沢が流れ出ており、その源頭にはカール地形があります。しばらくして地形に関心が出てくると「ひょっとして中岳は槍ヶ岳のように尖る手前の段階なのではないか」と思うようになりました。もちろん氷期は終わっているのでこれ以上尖ることはありませんが、槍ヶ岳と中岳の写真を並べることで、そのでき方の過程が可視化できるかもと期待したのです。

1 大喰岳側の登山道から見た中岳山頂。蝶ヶ岳からは尖って見える山頂も、ここからは台形にしか見えません　2 常念岳から見た中岳。山頂部まで面的な氷食の影響が見られます

　しかし実際に山に登り、そのような目で中岳を見た時、その考えは間違いであることがわかりました。中岳を作る岩石は本書で何度も紹介した穂高と同じ溶結凝灰岩ですが、この岩の特性が尖るには不向きだったのです。溶結凝灰岩の岩体の中は縦方向の柱状節理がたくさん走っており、風化・侵食がその節理に沿って起こることを考えると、滝谷のような垂直の絶壁はできても、槍の穂先のような尖る円錐形のものは作れません。先端が細く尖る前に節理から崩れてしまうからです。あと「凝灰角礫岩はクラック密度が低いから」と原山先生。クラックとは割れ目・節理の

ことで、凝灰角礫岩は岩体の中の割れ目の数や密集度が低いので大きな岩として残りやすい性質があるとのことです。

結局、中岳は槍ヶ岳になる手前ではなく、槍ヶ岳になりそこねた山なのだとひとり結論を出しました。縦走する際にでも、中岳をそのような視点で見るとおもしろいと思います。

硬質ゆえに気高く

槍の穂先は、間近で見上げても望遠しても、他の岩峰にはない独特の気高さがあります。地中にある時からあの形で存在していたのではないか、そんな印象すらあります。非科学的と笑われるかもしれませんが、穂先の岩がとても硬質であることを知った時、案外その印象も理にかなっているのかも、と思いました。それは穂先の造形が、硬質がゆえに他の岩峰より精緻にじっくりと時間をかけて作られたということです。人の手による彫像でもそうですが、硬い素材を使うと手数が極端に増えますが、その分彫りの密度が上がり、独特の異彩を放つことがあります。穂先のあの円錐形には、そのような彫像を前にした時と同じような気配を感じます。硬質だから尖ることができた、硬質だから時間をかけて削られた、よって気高さを身にまとうことができた、という印象です。

1 中岳山頂にかかるハシゴ。岩場には柱状節理が細かく入っており、これでは尖る前に岩は崩れてしまいます　**2** 槍ヶ岳山頂にかかる最後のハシゴ。さまざまな礫が含まれる角礫岩であること、規則正しい割れ目がないことがわかります。鋭い穂先を守り続けた硬質な岩石です

14 氷河公園の歩き方

天狗原は「氷河公園」とも呼ばれ、氷河地形を観察するには最適な場所です。ただ不思議なことにそれについての解説が、書籍はもちろんネット上にもないのです。この章は、今現在、唯一となる天狗原の氷河地形観察ガイドです。

南岳と中岳の間にまたがる信州側の斜面には大きなすり鉢状のカールがあり、天狗原《てんぐっぱら》と呼ばれています。ここにある天狗池は槍ヶ岳を水面に映す「逆さ槍」が有名で、昨今の絶景ブームの影響か、槍ヶ岳の登頂を目的とせず、これを見るためだけにやって来る登山者も少なくないと聞きます。池のそばで持参したコンロで湯を沸かし、コーヒーを飲みながらランチを食べる、なんとも羨ましい絶景の楽しみ方です。

氷河地形の博物館 天狗原への誘い

天狗原には「氷河公園」という別名があるのをご存じでしょうか。カール地形そのものはもちろん、氷河湖である天狗池をはじめ、そこにはさまざまな氷河の痕跡が良好な状態で残っています。それを広く知ってほしいという願いから「氷河公園」と名付けられたのでしょう。ただ残念なのは、現在その解説がどこにもないことです。訪れる人が一定数いるのに、本当にもったいないことです。そこで本書では、ガイド形式で天狗原の見どころを解説したいと思います。逆さ槍の絶景と共に飲むコーヒーに、氷河への回想が加われば幸いです。

天狗原に行くなら、残雪が解けて天狗池が姿を現す8月下旬以降がおすすめです。観察のための時間は1時間半をみておけば十分です。コー

天狗池に映る「逆さ槍」。快晴無風の時にのみ見られます。写真は9月中旬のものです

スタイムにその時間を足して無理のない行程を検討してください。掲載した写真は紅葉の時期に撮りました（一部のカットは9月中旬に撮影）。年によって紅葉の進行具合は異なりますが、例年なら9月末から10月初旬が見頃となります。

観察ポイント③ 氷河が運んだ巨岩群

解説は次ページの絵地図に記した番号に沿って進めていきます。天狗池周辺を誇張して描いたので、実際の距離などは地図での確認をお願いします。まずは槍沢にある①の天狗原分岐を目指します。槍沢ロッヂからはU字谷の底を歩く約2時間の道のりです。槍ヶ岳を目指す人は、分岐に荷物を置いて天狗原を往復することも可能です。分岐を過ぎるとすぐに沢を渡り、槍沢の岩屑斜面をトラバースしながら進みます。ナナカ

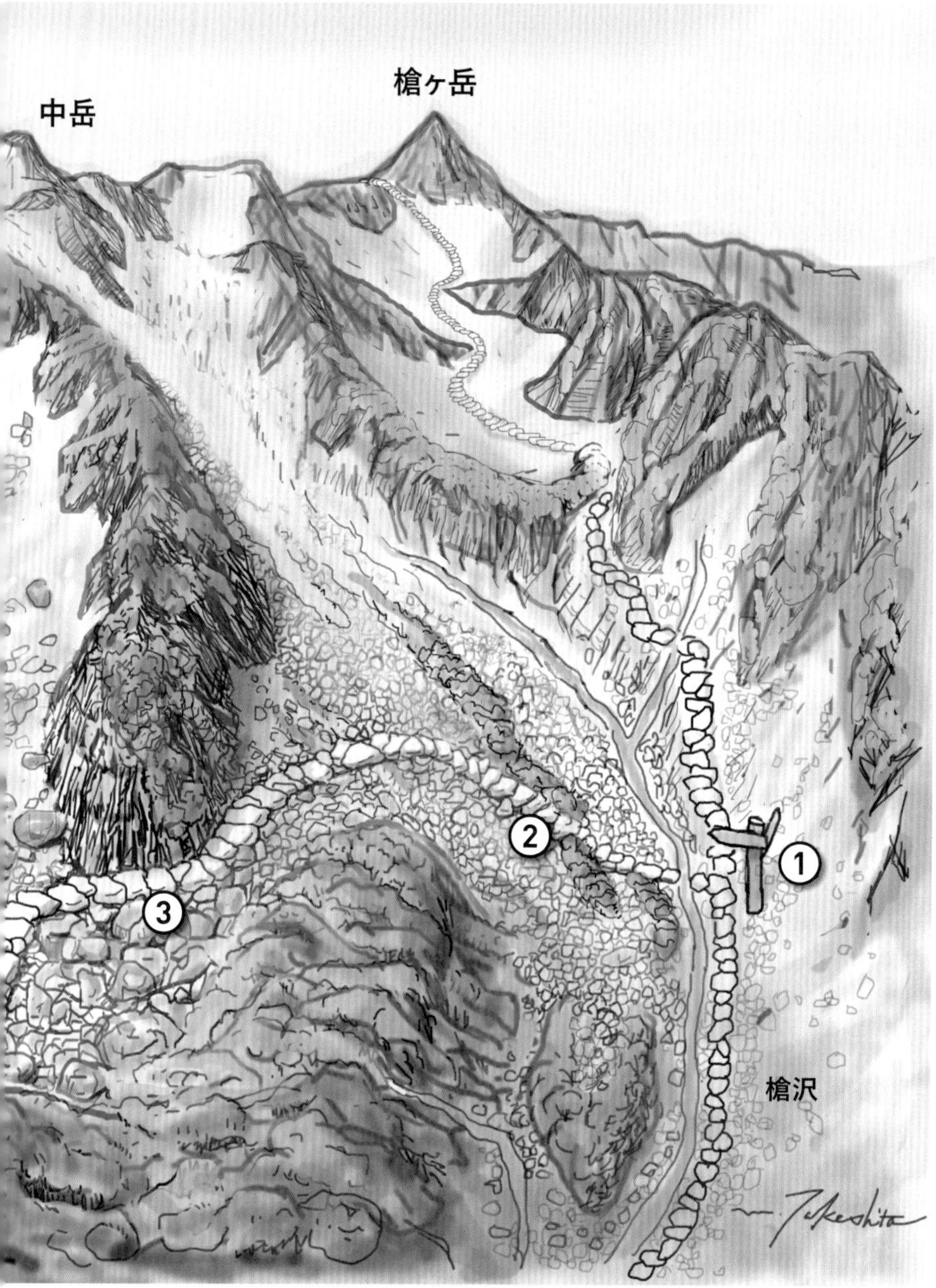
槍ヶ岳
中岳
①
②
③
槍沢
Takeshita

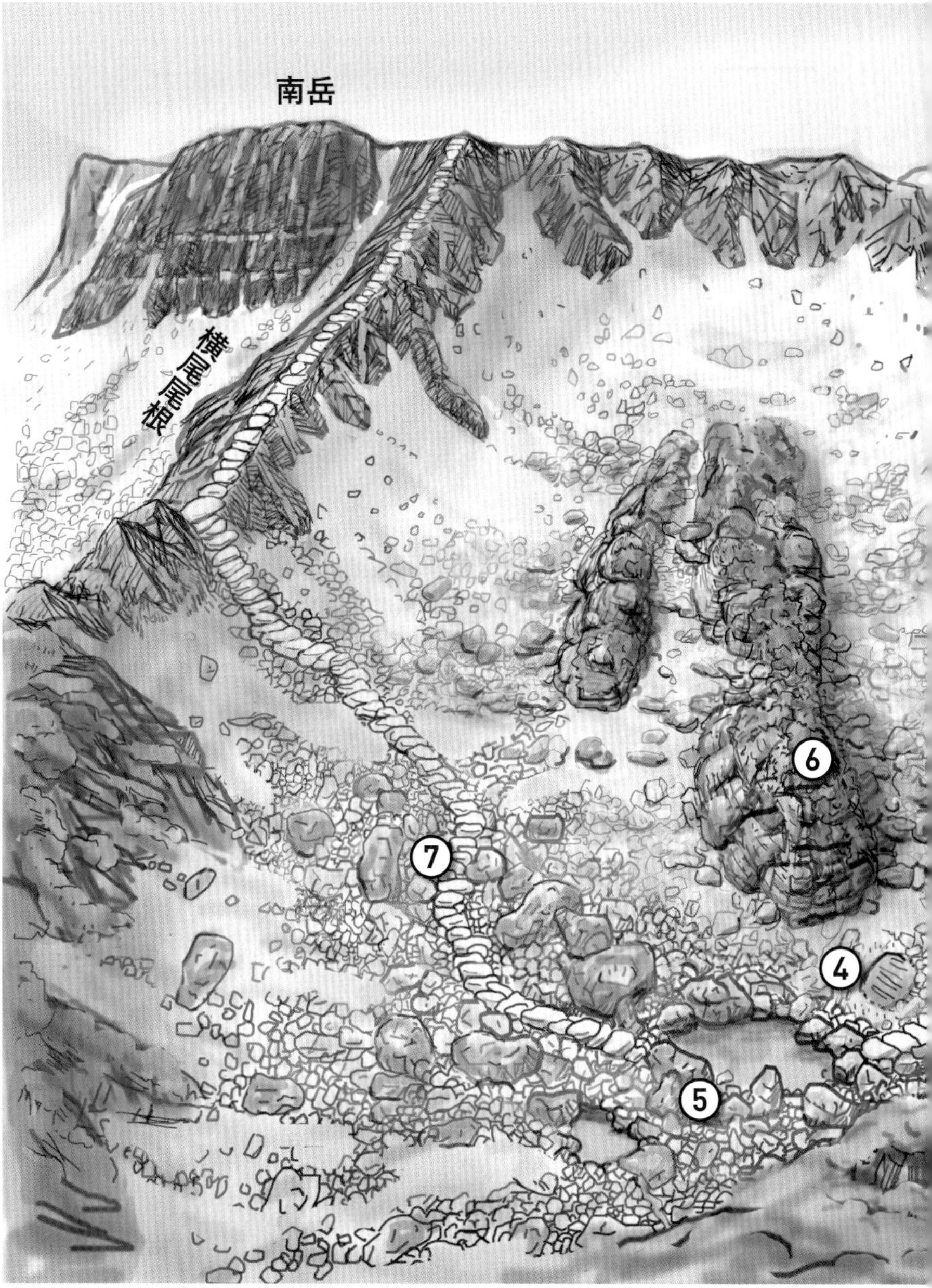
南岳
横尾尾根
6
7
4
5

マドの帯状の植生を越したあたりが②で、山側を振り仰ぐと、それまで見えなかった槍の穂先が姿を見せています。このあたりのナナカマドを前景にして槍を撮るのが秋の槍沢撮影の定番です。

　中岳から派生する枝尾根に近づくと、いよいよ傾斜がきつくなります。ダケカンバの樹林のなかを息を切らしながら登り切ると、天狗原カールの入口である③に到着します。カールに入ったことで風景が一変します。槍沢ではあまり見られなかった巨岩があたり一面に横たわっており、しかもその表面は風化し、一様にあせた褐色をしています。地衣類や苔に覆われてもいます。それはこの巨岩群が長い間この場で休眠状態であることを物語っています。これらの岩石は、5章で紹介した南岳の凝灰角礫岩です。天狗原自体の基盤は穂高の溶結凝灰岩なので、南岳〜中岳の稜線か横尾尾根から氷河によって運ばれてきたのでしょう。ただすぐ真上に稜線が見えることから、「崩落では？」と思われるかもしれません。斜面に積もる岩の大多数はそうでしょう。しかしカールの底にある巨岩については、氷河による運搬です。

　山に転がるおびただしい量の礫は、冬季の寒気が作り出します。岩盤の割れ目に浸み込んだ水分は寒気により凍結し、体積が膨らむことでくさびを打つように岩を割っていきます。これを「凍結破砕作用」と言いますが、氷河が流れていた氷期は今より

1 ポイント②あたりから撮影した秋の槍ヶ岳
2 ポイント③天狗原入口あたりの巨岩群（南岳凝灰角礫岩）

天狗池の周りにも巨岩がいくつも横たわっています。時間が止まった遺跡に入り込んだような感覚になります

はるかに寒冷で、より大きな岩を割る力がありました。天狗原に横たわる巨岩は、まさに氷期の寒さでなければ割れないサイズなのです。「氷期の寒気に破られ、氷河によって運ばれた岩」という意味で、この巨岩も氷河公園の構成資産のひとつと言えます。

観察ポイント④ 羊背岩に触れる 氷河のきしむ音を聞く

入口からほどなくして⑤の天狗池に到着します。天狗池の成因については、植生が生い茂っていることと、氷河との関連についての資料がないことから、よくわかりません。槍ヶ岳山荘付近から望遠レンズで池周辺を覗くと、羊背岩とモレーンの列が湖水を堰き止めているようにも見えるので、氷河湖であることは間違いなさそうです。余談ですが「逆さ槍」を上手に撮るコツは、カメラやスマホを水面すれすれまで下げることです。そうすることで、水面に映った槍ヶ岳と実景がシンメトリーに写ります。

天狗原の見せ場はこの天狗池ですが、氷河公園としてのハイライトは、天狗池から30〜40m槍沢側に戻ったところにあるポイント④です。地面からちょっと顔を出しているだけの何でもないような岩ですが、実はその表面は氷河によって削られています。風化によりすでに鮮度はありませんが、氷河がつけたひっかき傷（氷河擦痕と言います）も観察できます。次ページの写真はその擦痕を撮ったものですが、写真の左下から右上へいくつもの筋が、かすかですが走っているのがわかると思います。

1 天狗池俯瞰。左背後に小高い羊背岩とモレーンが見えます。**2** ブライトホルン（スイス）中腹の氷河湖。植生があることで氷河地形としての天狗池が見えづらいので、ブライトホルンにある氷河湖の写真を並べてみました。天狗池の画面右が山側で、池の左にある丘状の羊背岩の高まりが流れを堰き止めているように見えます

1 天狗池から見たポイント④の羊背岩。登山道沿いにあります　**2** 羊背岩の横を歩く登山者。誰もその存在に気付きません

岩肌に残る氷河擦痕。池側に立って羊背岩を見ています。矢印の方向に氷河が流れていたことが擦痕からわかります

この岩は登山道のすぐ脇にあり、実際に触れることもできます。これまでは知識をもとに想像するしかなかった氷河の存在を、目と手でじかに確かめられるという点で、この岩は教材としてとても重要です。氷河に磨かれた岩肌を眺めていると、「ギィィィ」と氷河が流れる音が聞こえてきそうです。

観察ポイント⑥ 羊背岩の研磨と剥ぎ取りを確認する

ポイント⑥は、天狗原カールのちょうど真ん中を走る岩尾根の末端部です。岩の輪郭に角がないので一見すると花崗岩のようですが、穂高と同じ溶結凝灰岩です。氷期にはこの尾根全体がカールを埋める氷河にのみ込まれていたのでしょう。鋭角的な要素はなく、丸く柔らかい印象です。この岩尾根の氷食については11章の「天狗原で見る氷河の研磨と剥ぎ取り」ですでに紹介済みなので、そちらを参照ください。現地で観察するなら、天狗池よりも横尾尾根方面に少し登ったポイント⑦あたりが適しています。立体的に見えるというのがその理由ですが、登山道からは少し距離があるので、肉眼で判別しにくかったら、スマホでもよいので岩尾根を拡大して撮影し、画像で観察するとよいでしょう。研磨と剥ぎ取りが確認できたらベストですが、そのシルエットが穂高の稜線とは異なり、丸みを帯びていることがわかるだけでも十分意味があります。

1 氷河の後退により現れた丸く削られた岩盤。スイス・ロートホルン氷河の末端部
2 氷食を受けたポイント⑥の岩尾根末端部。写真1と照らし合わせると、丸みを帯びた羊背岩がどのような状況で氷河に削られていたかがよく分かります

15

穂高を削った氷河はどこまで流れていたか？

ここからは槍・穂高に流れていた氷河を具体化していきます。全長と厚みを調べ、土台となるイメージができたら、セラックやメディアル・モレーンの筋模様などのディテールを描き込んでいきましょう。

涸沢の広々としたすり鉢状の谷が氷河によって削られたカール地形であることを、すでに多くの登山者が知っています。しかしそのことである誤解が生まれました。「穂高に流れていた氷河は、涸沢カールの中だけだった」というものです。今これを読んで「え、違うの？」と思った方も多いのではないでしょうか。確かに氷期の終盤はそのとおりだったのですが、最盛期の氷河は横尾にまで達していたのです。

涸沢期と横尾期に分かれる穂高の氷河

このような残念な誤解をなくすためにも、ここからは槍・穂高連峰に流れていたかつての氷河の姿を具体的に描いてみたいと思います。そのためには氷河の長さと厚みがわからなければなりません。特に厚みを知ることは、立体的な氷河の姿を思い浮かべるために不可欠です。まず氷河の長さから見ていきましょう。

山岳氷河については、模式的にはその源頭部にあたるカールから始まり、末端部にできるフロント・モレーンで終わります。すなわちカールからモレーンまでが氷河の長さということです。モレーンの位置はその時々の気候により変わりますが、幸い槍・穂高の場合は、これまで大勢の研究者による調査が行われており、論文や書籍を読むことで、モレーンの位置はもちろん、それができた年代まで知ることができます。年代は、モレーンを覆う火山灰を調べることで特定することができます。

今現在、槍・穂高連峰の氷河は、大きく2期に分かれるとされています。氷河が最長であった約6万年前の「横尾期」、その後ゆっくりと後退していった約3万〜1・2万年前の「涸沢期」です。涸沢期はさらに段階的な後退が見られることから、涸沢期Ⅰから Ⅲまで3期に分けられました。

次ページの図15−1は、信州側の横尾谷と槍沢、飛騨側の飛騨沢のカールとモレーンの位置を「期」ごとに色分けしたものです。この図を見れば、それぞれの氷河の長さがわかります。現在確認されている横尾期の氷河末端部は、槍沢では図の⑩の一ノ俣モレーン、横尾谷では⑱の横尾岩小屋モレーン、飛騨沢では㉖の滝谷出合付近です。距離にすると、槍沢で約6㎞、横尾谷で約5㎞と、ヨーロッパアルプス最長のアレッチ氷河の23・6㎞（2002年時点）には及びませんが、見応えとしては十分だったと思われます。よって槍・穂高連峰が氷河をまとった姿を想像する場合は、この横尾期を対象としましょう。涸沢カール内にとどまる氷河より、横尾付近まで流れる氷河を想像した方が、はるかに高揚感が増します。

横尾岩小屋跡のモレーンの観察

穂高連峰が取り囲む涸沢と、大キレットや南岳を源流とする本谷が合流することで、「横尾谷」と名前が変わります。氷河も同様に、涸沢カールからのものと、大キレットカー

1 横尾岩小屋跡の横にある階段。2020年撮影。山側斜面に、氷河堆積物が現れています。粘土に埋まる小さな角礫を手に取り、穂高の溶結凝灰岩であることを確認しましょう　**2** 氷河堆積物（ティル）の現れる斜面。2020年撮影　**3** 円礫が中心の河川堆積物の斜面（横尾谷にて）

図15-1：横尾谷・槍沢・飛騨沢のカールとモレーン位置。各期の氷河先端はフロント・モレーンの位置を見てください。例えば横尾期の場合、涸沢期IIIの茶色に塗ったカールから紫色のモレーンの先端部までが、すべて氷河で埋まっていました。
伊藤真人・正木智幸「槍・穂高連峰に分布する最低位ターミナル・モレーンの形成年代」の第2図と、伊藤真人「北アルプス南部、蒲田川、右俣谷の氷河地形」の第7図を引用・着彩・加工（一部削除と追加） ※論文では槍沢を「一ノ俣期」「ババ平期」「槍沢期I・II」飛騨沢を「滝谷期」「槍平期」「飛騨沢期I・II」と分けていますが、本書では横尾谷の名称に統一しました。モレーンの形成時期は、各沢ともほぼ同じです

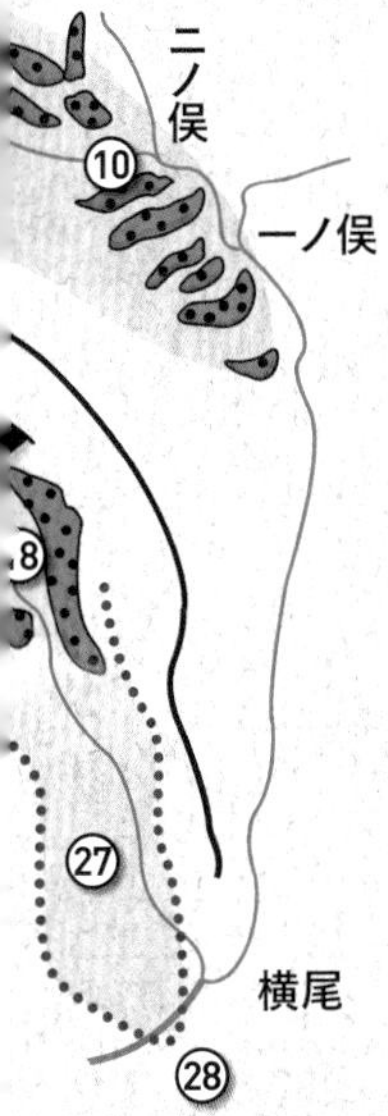

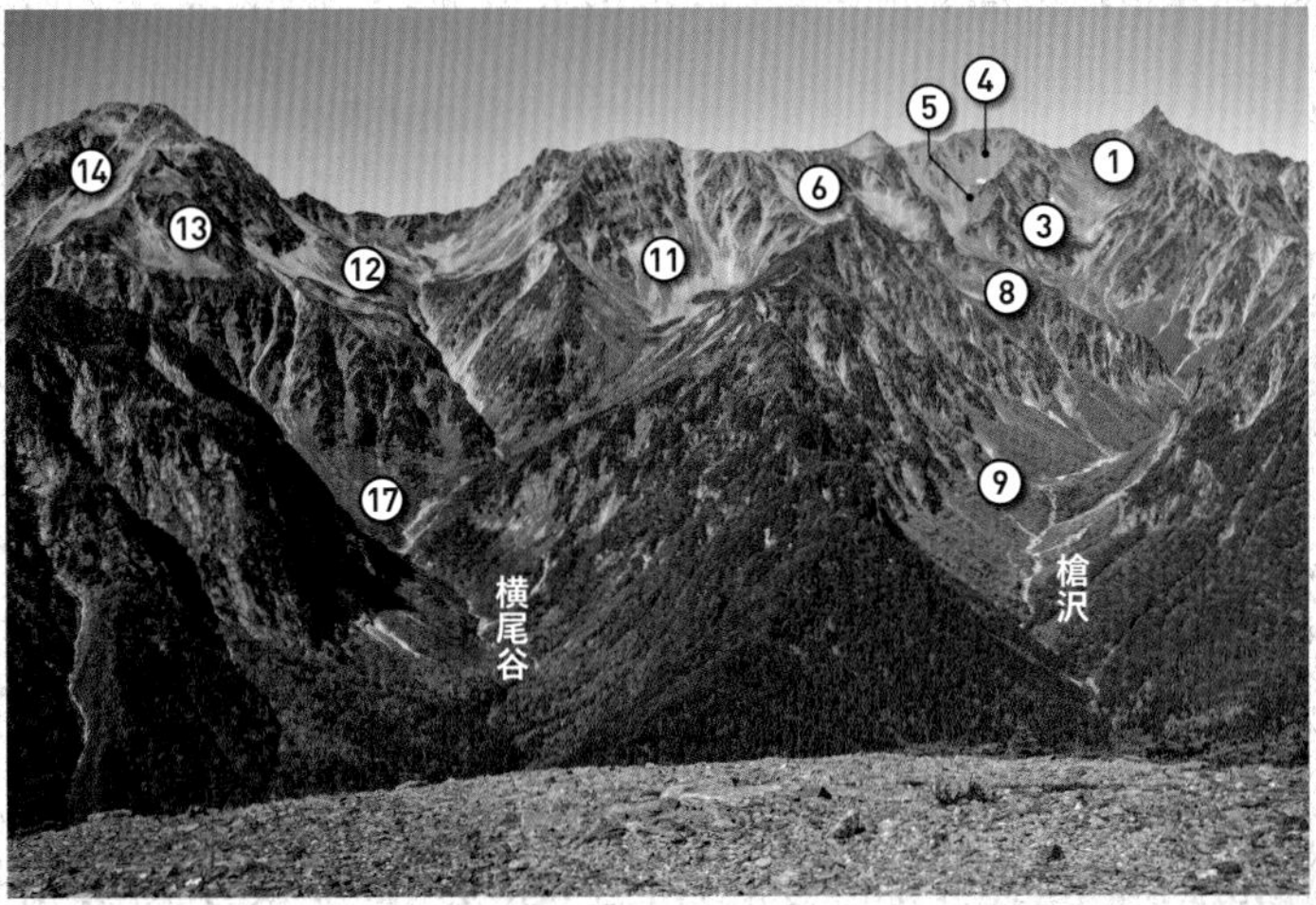

蝶ヶ岳から見た槍・穂高東面の氷河地形

双六岳から見た、槍ヶ岳から南岳の飛騨側斜面の氷河地形

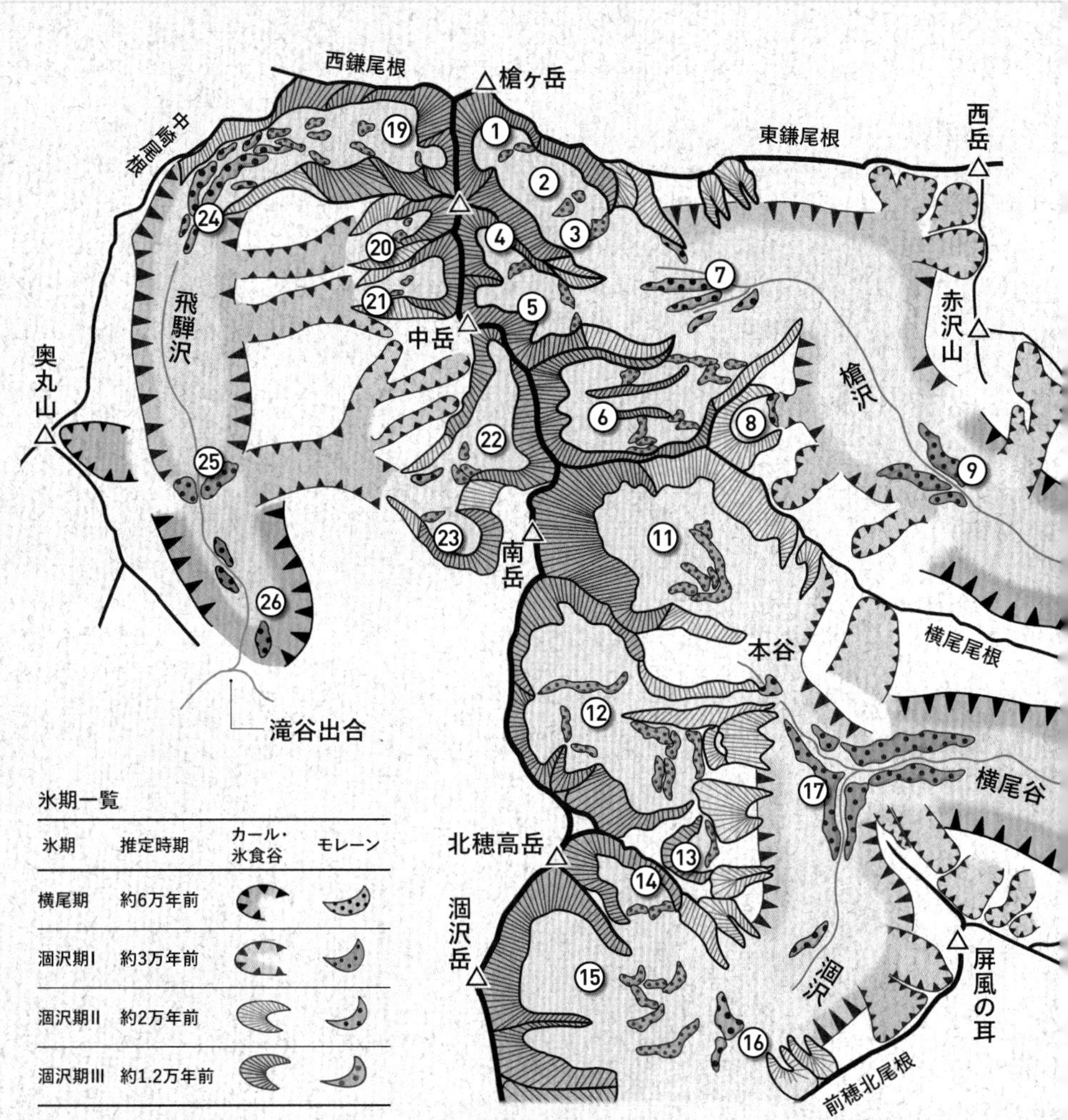

①殺生カールと殺生モレーン　②坊主岩小屋モレーン　③大槍モレーン（グリーンバンドモレーン）　④大喰岳カール　⑤中岳カール　⑥天狗原カールとモレーン群　⑦中岳モレーン　⑧横尾尾根カール　⑨ババ平モレーン　⑩一ノ俣・二ノ俣モレーン　⑪本谷カール　⑫大キレットカール　⑬北穂東壁のカール　⑭北穂沢カール　⑮涸沢カール　⑯涸沢ヒュッテが立つモレーン　⑰本谷と涸沢の合流点のモレーン　⑱横尾岩小屋モレーン　⑲飛騨沢カール　⑳大喰沢カール　㉑中の沢カール　㉒南沢北カール　㉓南沢カール　㉔飛騨沢モレーン群　㉕槍平モレーン　㉖滝谷出合のアウトウォッシュ　㉗延長の可能性が出てきた横尾期の氷河　㉘2019年に発見された氷河堆積物
※カールやモレーンの名称は、文献や資料によってまちまちです。参考程度にご覧ください

涸沢と本谷の合流付近の登山道から見上げた本谷カールと南岳

ルと本谷カールからのものが合わさり、横尾付近まで流れていました。本谷は一般登山道がないのでさかのぼれませんが、横尾谷から涸沢までは氷河の流路と登山道が重なるので、随所で氷河の存在を感じることができます。

では横尾谷のモレーンを下流側から確認しながら登って行きましょう。横尾山荘から涸沢方面へ約20分歩くと、巨岩からなる横尾の岩小屋跡が現れます。そのすぐ先に木製の囲いがついた階段がありますが、この登りが横尾谷のターミナル・モレーンとされる⑱の横尾岩小屋モレーンです。といっても、見通しのきかない樹林帯では、その地形的特徴を視認することはできません。正直、地形観察という意味では物足りなさを感じます。そこで、モレーンの中身である氷河堆積物（ティル）をじかに観察することでその存在を確認した

いと思います。

木製の階段付近の山側は、登山道を整備・維持するために斜面が削られていますが、そこに穂高を作る溶結凝灰岩の角礫が、褐色の粘土の中に混じって見えています（115ページの写真2）。氷河は礫や砂、粘土といった砕屑物を選別することなく一緒に運んで積み上げてしまうので、このようなまぜこぜの堆積物ができます。礫をひとつ手に取り、それが穂高の溶結凝灰岩であるかを確かめてみてください。角のある角礫であることも重要です。川が運んで堆積したものなら角がない礫が出てくるはずで、現にすぐ下の河原に転がる溶結凝灰岩はすべて円礫です。モレーン自体は判別できませんでしたが、約6万年前、涸沢カールからあふれ出た氷河がここまで流れていたことは間違いありません。上流側を見上げ、頭の中で地図を広げて、その距離を想ってみましょう。

涸沢期のモレーンを確認する

その次の涸沢期Iのモレーン⑰は横尾谷と本谷の合流点にありますが、登山道からは眼下の樹林に隠れて見えません。モレーン自体も沢の侵食により原形をとどめていないようです。近寄ることもできないので、南岳の獅子鼻の岩稜と本谷カール⑪、そこからこちらに向かって流れる本谷を確認できればよしとしましょう。

Sガレを過ぎて涸沢カールを正面に望む位置に立つと、小高い丘の上に涸沢ヒュッテが見えていますが、

1 Sガレ通過後に見える涸沢ヒュッテの立つモレーン（写真中央の高まり） **2** 北穂南稜から俯瞰した涸沢ヒュッテとモレーンの高まり。涸沢期IIの氷河はカール全体を埋めながら、このモレーンまで流れていました。往時はカールの出口をふさぐような大きなモレーンだったと思われます

前穂高山頂から俯瞰した涸沢カール。涸沢期Ⅲのモレーンに沿うように氷河の先端部を描いてみました

この高まりが涸沢期Ⅱのモレーン⑯です。この時期まではカール全体が氷河で埋まっており、ヒュッテの立つこのモレーンの場所まで流れていました。章の前文で「登山者の誤解」とした氷河の規模は、この涸沢期Ⅱに相当します。

その後、氷河は後退の一途をたどり、カール上部や北穂沢などに分断して小さなモレーンを作りながら消えていきました。上の写真は、涸沢期Ⅲのモレーンの形に合わせて氷河の末端を描き加えたものです。

横尾谷の最下流に氷河堆積物を新発見！

この章はまだ終わりません。2019年、横尾山荘から梓川を少し下った登山道脇の斜面で、専修大学の苅谷愛彦先生らの調査により、氷河堆積物の可能性がある岩屑が発見されました（参考資料⑰）。すでに地形としてのモレーンの姿はありませんが、粘土の中に穂高を作る溶結凝灰岩の角礫が多数含まれる様子は、横尾岩小屋のモレーンのそれとそっくりです。

元々、横尾岩小屋より下流まで氷河が流れていたであろうとする推測はありました。例えば横尾山荘から登山道を10分程度歩いた笹原に、約10m四方の角礫岩の巨岩が横たわっていますが、周囲と地質が異なることから、他所（本谷方面）から氷河によってここまで運ばれたのだろうと考えられています。ただこの巨岩の事例だけでは、氷河の全長を語るには証拠不足です。今回、氷河堆積物という新たな証拠が見つかったことで、図15—1の㉗のように横尾谷の氷河の全長が一気に約1400m長くなる可能性が出てきたのです。

横尾と岩小屋の間にある巨岩。周囲と地質が異なることから、他所から運ばれてきたものと考えられます

角礫を見ると穂高の溶結凝灰岩でした

発見現場の様子。2020年8月撮影。徳沢から横尾に向かって歩く場合、黒沢を渡り、尾根の先端をまわり込んだ先に露頭があります。ただし今後、新村橋の架け替えと横尾付近の管理道路の付け替え工事が2027年まで行われるので、現場の様子が変わる可能性があります

図15-2：氷河堆積物が見つかった場所

16

槍沢の氷河地形探訪

槍沢の特徴は、明瞭なU字谷が延々と続くことです。モレーンや稜線直下に並ぶカール群などもシンプルにわかりやすく残っています。それらをつないで一本の氷河が描けるように解説していきます。

前章の横尾谷に続き、今回は槍沢の氷河地形を観察しながら登って行きましょう。槍沢を流れていた氷河は、槍ヶ岳直下にある殺生《せっしょう》カールから始まり、図15-1の⑩にある一ノ俣モレーンと二ノ俣モレーンで終わります。殺生カールは涸沢に比べるとずいぶん小さなカールですが、すぐ隣にある大喰カール・中岳カール・天狗原《てんぐっぱら》カールからの氷河と合流したことで、大曲付近では尾根ひとつ向こうの横尾谷と同規模の氷河になっていたと思われます。

約6万年前にできた一ノ俣モレーン

槍沢のターミナル・モレーンとみられる一ノ俣モレーンは、槍の穂先が見える槍見河原から二ノ俣出合にかけての川の対岸にあります。また二ノ俣モレーンは、出合に架かる二ノ俣橋を渡った正面の山腹にあります。ただし双方とも深い樹林に覆われている上に、モレーンは山側の斜面の上にあるため、谷底を通る登山道からは死角になっており直接見ることはできません。

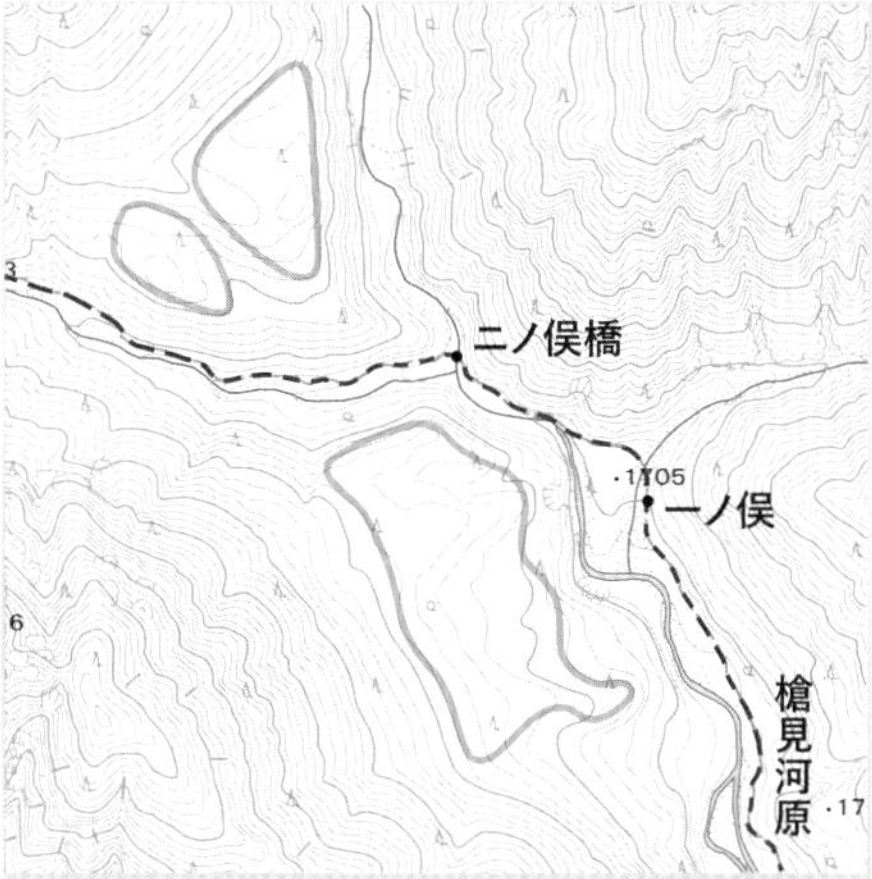

図16-1：一ノ俣周辺の地形図。枠で囲った平坦地にモレーンがあります

地形図（図16-1）でそれを確認すると、一ノ俣の対岸と二ノ俣橋を渡った先の山腹に平らな場所がある

上の写真は氷河が消えてから約3万年、下は約6万年です。その時間差が谷の険しさの違いに現れています

ババ平からの槍沢（上）、二ノ俣付近の槍沢（下）

ことがわかります。モレーンはそこに列をなして並んでいます。実はこの平坦地は、約6万年前、氷河が流れていた当時の谷底だと考えられています。底を面として残したまま河川の侵食が進んだのです。下の写真1は二ノ俣橋の上から一ノ俣モレーンの段丘崖を撮ったものです。写真に引いた曲線がモレーンのある段丘面だと思われますが、その高さを等高線から読むと約50mです。氷河が消えた後の約6万年分の営みがその50mの崖に現れています。横尾谷に続き、ここでもターミナル・モレーンを直接確認できず、起点としては心もとない感じですが、仕方ありません。あの崖の上にかつてのU字谷の底とモレーンがあることを確認して次に進みましょう。

3万年分の時間を飛び越える ババ平モレーン

上高地から槍ヶ岳に至る槍沢ルートは、全長約22kmに及ぶロングコースです。その中にはいくつかの名景がありますが、私のお気に入りはババ平キャンプ場から見た槍沢です。ここまでは延々と渓谷沿いの樹林帯を登って行きますが、キャンプ場の平坦地に着くといきなり視界が開け、広々としたU字谷の風景が目に飛び込んできます。この開放感あふれる場面転換がたまりません。そう感じる人は多いのではないでしょうか。実はこの場面転換には理由があります。最初は、単に標高が上がったことで植生が変わったから、くらいに思っていましたが、それだけではありませんでした。

1 二ノ俣橋から見た段丘崖。木々の向こうに空が見えるあたりがモレーンのある段丘面であり、氷河消失時の谷底の位置です。そこから今の槍沢が流れるこの高さまで約6万年をかけて削ったのです　**2** 大喰岳稜線から望遠した一ノ俣付近の段丘

上流からの土砂を堰き止め、キャンプ場の平坦地を作っているのがババ平モレーンです。モレーン全景は、その下流側にある赤沢山のガレ場から眺められますが、引きがなくあまりそれらしく見えません。むしろかなり遠くなりますが蝶ヶ岳からの方がその様子がわかります。ババ平モレーンができたのは涸沢期Iの約3万年前のことです。この「約3万年前」という時間を意識すると、先ほど私が言った場面転換の理由がわかります。ババ平から下流側は、一ノ俣モレーンで紹介したとおり、約6万年前に氷河が消えてからずっと槍沢の流れが谷底を侵食しています。谷底はすでにV字谷の険しさを感じさせるほどです。それに対して上流側は、氷河が消えてまだ約3万年しか経っておらず、沢による下刻も少し進んだ程度で、まだまだU字谷の原形をとどめています。この約6万年と約3万年の侵食量の差が、モレーンを境に風景を一変させているのです。これは横尾谷でも同じで、登山道が屏風岩の中腹を巻くのでわかりにくいのですが、涸沢のSガレあたりと、本谷橋が架かるあたりでは、それほど距離があるわけではないのに谷の険しさがまったく異なります。

　このように氷河消失の時間差で槍沢の風景を見るようになってからは、ババ平モレーンの短い登りが特別に思えるのです。このわずかな距離で一気に約3万年を越すのだと。ひとまたぎでこれだけの時間を越せる場所はそうそう他にありません。

1 大曲から見上げた槍沢大観。画面中央のお餅のような茂みが中岳モレーン　**2** 大喰岳付近の稜線から俯瞰した中岳モレーン。中岳モレーンは、大曲からは槍沢本流のモレーンに見えますが、稜線から俯瞰すると明らかに大喰岳と中岳から流れ出た氷河によるものであることがわかります

槍沢上流のモレーン群

　大曲からの眺めも槍沢ルートの名景のひとつです。大喰岳から中岳の主稜線が、U字谷の額縁の中で屏風のようにそびえ立っています。少し

疲れも出始めた身体に、再び登高欲が沸き立つ瞬間です。その主稜線を背景に丸餅のような姿でたたずんでいるのが中岳モレーンです（125ページの写真1）。涸沢期IIの約2万年前にできたものです。大曲からは丸い丘にしか見えませんが、大喰岳付近の稜線から見下ろすと、中岳や大喰岳から流れ下った氷河によって作られたことがよくわかります。

　天狗原への分岐を過ぎると、ハイマツで覆われた「グリーンバンド」と呼ばれる高まりを目指してジグザグと登ります。グリーンバンドは涸沢期IIIのモレーンで、谷を横断するように横たわるその姿は、槍沢の中ではいちばんモレーンらしい形をしています。グリーンバンド自体は高低差があるので、ここを越える氷河は氷瀑になっていたのではと思われます。対岸には天狗原が見えており、

グリーンバンド付近から見た天狗原。羊背岩とモレーンが連続し、半球を並べたような不思議な景観を作っています。氷河はその先で氷瀑となって槍沢に合流していたのでは

尾根に残る氷河による研磨面。氷河の流れと交差する枝尾根を注視すると、このような平らな面の存在に気付きます

槍沢と合流する前の急崖にも氷瀑がかかっていたと想像できます。天狗池があるあたりは、出っ張った岩尾根がことごとく丸く削られ、モレーンの高まりと合わせて、モコモコとした柔らかい形状の凸形が並ぶ不思議な地形が見られます（右ページの写真上）。

　グリーンバンドの上に出ると槍の穂先がようやく姿を現します。それを目にしながら、氷河が置き去りにした岩屑が広がる無機的な風景の中を歩きます。岩壁から崩れ落ちた落石による堆積地形（崖錐《がいすい》）に混じって、坊主岩小屋モレーンと殺生ヒュッテが立つ殺生モレーンの波打つ姿が印象的です。

槍ヶ岳から南岳 カール地形の見本会場

　槍ヶ岳から南岳に続く縦走路では、信州側、飛騨側ともに途切れることなくずらっとカールが並びます。上からの視点は地形観察に最適であり、その成り立ちがよくわかります。その意味でこの縦走路は、展望を眺めるだけでなく、次々と現れるカールを観察するという楽しみもあります。明瞭で大きい信州側のカール群に比べて飛騨側は規模が小さく、光線の当たり方によっては、モレーンはもちろん、カールでさえも判別しづらい感じです。積雪量の差はカールの大きさに現れることが、稜線の右と左を見比べるだけでわかります。

1 大喰岳付近から見た大喰沢カールと笠ヶ岳　**2** 中岳から見た南沢カール。飛騨側の氷河地形は、元々の規模が小さかったことと、氷期が終わったあとの寒気で大量に礫が作られたことで、地形自体がわかりにくくなっています

17

実践！前穂を削った氷河を想像する

かつて流れていた氷河の長さはモレーンの位置で特定できますが、厚みについては学術的な報告がありません。そこで本書では岩尾根が断ち切られた「切断山脚」の位置をその目安とし、氷河の立体化を試みます。

横尾谷と槍沢の氷河末端部を確認したことで、最大拡張時における氷河の全長をお伝えできたと思います。ただしこれは真上から俯瞰しただけで、いわばその広がりを地図上に平面的に示したにすぎません。氷河のリアルさを感じるためにはそれに厚みを加えて立体化する必要があります。

ただ槍・穂高の氷河に関する調査は、流れていた時期とその長さについては多くの報告がありますが、厚みに関しては何も見当たりませんでした。

その理由はわかりませんが、本書では「切断山脚《せつだんさんきゃく》」の位置を氷河の厚さと仮定して、その立体化を試みたいと思います。

氷河により切られた岩尾根の跡　切断山脚

では前穂高岳の北尾根を例にしながら考えてみましょう。前穂北尾根は山頂から北東方向に延びる岩稜で、のこぎり状をした険しくも美しいその姿は氷河によって削り出されたものです。山頂を1峰とし、屏風のコルの手前まで連なる峰々に対して8峰までの番号がふられています。残念ながら稜線上に一般の登山ルートはなく、5峰と6峰の間にある5・6のコルから上部が、上級者向きのバリエーションルートとしてあるのみです。

130ページの写真1は、涸沢小屋のテラスから撮影した前穂北尾根です。注目してほしいのは4峰と5峰から涸沢へと延びる岩尾根で、そ

氷河が振るったノミ跡が
克明に見えます
白出のコルから前穂高岳を撮影

1 涸沢小屋のテラスから見上げた前穂高北尾根。氷河により切断された面を白線で示しています　**2** 池ノ平から見上げた4峰の切断山脚（aとb）。手前に6峰の羊背岩（c）が見えています

の下部が途中でスパッと切れていることです。その箇所に白い線を引いてみましたが、さらにその下まで尾根が続いていてもおかしくない形状です。これは氷河によって尾根が断ち切られた跡で「切断山脚」と言います。植生が生えてわかりにくいですが、6峰や7峰にも見られます。

写真2のaとbは、涸沢カールの底、池ノ平から見上げた北尾根4峰の切断山脚です。切られた尾根の断面が崖になっているのがわかります。cについては、6峰の尾根の末端にある羊背岩です。6峰の尾根も、下半分が氷河によって削られていますが、その削り残しが羊背岩として見えています。

氷河の流れる方向と尾根が同じ向きなら途中で切られることはありません。また尾根全体が氷河にのみ込まれるような場合は、研磨されて丸い羊背岩が各所で見られます。切断が起こるのは、尾根の方向と氷河の流れる方向が交差する場合です。上の写真1の白い線を谷の下流に向かう矢印に描き変えると、それはそのまま氷河が流れていた方向と高さを示しているようにも見えます。このように切断山脚をたどることで、当時流れていた氷河の最高到達点、すなわち最も氷河が厚かった頃の位置

を簡易的に（氷河が消えた後、断面は自然崩落を繰り返しているはずなので、その位置に学術的な保証はありません）知ることができるのです。

前穂高北尾根の氷河を想像する

北尾根の形と氷河の流れる方向をもう少し細かく見ておきましょう。下の写真1は、切断山脚の面に沿って下流方向への矢印を白色で描いてみました。さらに岩尾根が残っている沢については、尾根に平行な矢印を黄色で描いていきます。いかがでしょう、これを見るだけで岩尾根を切る氷河の本流と、岩尾根に沿って流れていた支流の様子が見えてきます。写真2は、それをもとに予想される横尾期の氷河のイメージを描いたものです。

また次ページの写真1は、涸沢小屋のテラスからの目線で、その本流を描いたものです。予想図を見ると、涸沢小屋が氷河にのまれそうです。

対岸にある7峰の切断山脚と山小屋の標高差を地形図の等高線から読むと、屋根の上には、なんと厚さ約50mの氷河があったことがわかります。あくまで簡易的な数値ですが、氷河と春先の残雪や初夏の雪渓は、厚みという点でも別物であることがわかります。

1 切断山脚には白い矢印、尾根に沿った谷には黄色の矢印を。これだけで、氷河の簡単なイメージが浮かびます　**2** 矢印をもとにもう少し具体的な横尾期の氷河の姿を描いてみました

涸沢岳直下の氷河を想像する

前穂高に続いて、涸沢岳側も観察してみましょう。涸沢岳から延びる岩尾根には切断山脚は見当たりません。涸沢岳直下では、尾根の方向と氷河の流れていた方向が揃っていたということです。氷河の厚みに関しては、穂高岳山荘への登山道が通るザイテングラートや涸沢岳から延びる岩尾根を眺めると、全体的に丸い印象で背も低いことから、かつては尾根全体が氷河に覆われていたのではと推測できます。左の写真2では、そのあたりの高さがすべて氷河の下になるイメージを重ねてみました。穂高岳山荘が立つ白出のコルや涸沢岳の最低コルは氷河に覆われていたと思われ、さらに飛騨側の氷河とつながっていたのではないでしょうか。

カール直下の氷河の厚みを想像する

カールからあふれ出た氷河は横尾谷を目指して下っていきますが、その様子もみておきましょう。谷の中からは樹木が邪魔で分かりづらいのですが、奥穂高の稜線から俯瞰すると、切断山脚の断面がカール内から連なっているのが分かります。その線を意識することで谷を流れる氷河上面が見えてきます。涸沢への最後の登りにあえいでいるその頭上にも氷河が流れていたのです。左の写真は、Sガレ付近を流れる氷河を想定した

1 涸沢小屋のテラスから見た氷河本流のイメージ図　**2** 涸沢岳下部の横尾期のイメージ図。ザイテングラートは、その形状から大部分が氷河の下にあったと思われます

ものです。あらためて氷河の厚さに驚かれることでしょう。このあと氷河は屏風岩をまわりながら横尾谷をU字形に削りますが、そのあたりは次章で。

涸沢Sガレ付近から見上げた横尾期の氷河の仮想イメージ

斜面を覆う大量の礫　崖錐

「崖錐（がいすい）」とは、簡単に言うと、稜線や岩壁の直下にできる岩屑斜面のことです。落石の通り道となるルンゼの出口あたりに、扇形をした岩の堆積を作ります。槍・穂高の場合、崖錐ができ始めたのは氷期が終わった直後からです。氷期の寒気によってできた大量の礫は、それが終わると同時に落下し、氷河が削ったカール壁やU字谷の底を埋めてしまいました。

涸沢カールは、そのサイズが大きいこともあり、少し遠くから眺めた方が地形の特徴がよくわかります。逆にカールの中からだと、崖錐の直線的な傾斜が先に目に入るので、あまり「それらしく」見えません。これはU字谷も同じで、谷底の曲面を崖錐が埋めていることで、絵に描いたような「U」には見えないのです。槍沢については、蝶ヶ岳からはきれいなU字谷に見えます。

もし涸沢カールの崖錐を取り除くことができたら、その下にはいくつかの半椀状に削られた岩盤が露出するはずです。氷河地形を見る場合は、このように崖錐を「ないもの」とする想像力も必要です。

大喰岳からの岩屑による崖錐地形。植生が生えていることから、今は大量の礫が崩落しているわけではなさそうです

18

屏風岩の大岩壁が生まれた理由

いよいよ氷河編のラストです。花崗岩でありながら大岩壁を作る屏風岩の秘密と、そこに残された氷河の痕跡から、横尾谷に流れていた氷河の厚みをひも解いてみましょう。穂高に流れていた氷河の姿が見えてきます。

屏風岩は穂高連峰のなかにありながら、山を作る岩石が異なります。横尾大橋から見上げると手前に屏風岩、その奥に前穂高岳がそびえています。遠目に見ても前穂高岳には山全体に縦方向の柱状節理が入っているのがわかりますが、屏風岩にはそれがありません。屏風岩は、すでに何度か紹介していますが、花崗岩からできています。風化に弱いイメージがある花崗岩ですが、それにもかかわらず、あの日本最大級の岩壁ができたのはなぜなのでしょう。それはふたつの出来事が重なったからでした。

花崗岩を焼いたマグマの貫入

ひとつ目は花崗岩がまだ地中にある時に、マグマの貫入による熱変成を受けたことです。図18ー1の地質図を見るとわかりますが、屏風岩の花崗岩と穂高の溶結凝灰岩の間に、オレンジ色に塗られた文象斑岩《もんしょうはんがん》と呼ばれる岩石が割り込むように入っています。この岩石を作ったマグマが地下で花崗岩を変身させたのです。

原山先生と信州大学の学生さんの調査によると、この文象斑岩は、穂高カルデラができた少し後に、その縁の地盤の弱い部分を狙って入り込んだマグマが冷えて固まったもの、とのことです。この文象斑岩のマグマは穂高カルデラを作ったものと同じで、ジャンダルムを作った閃緑斑岩（31ページ参照）とは同じ親を持つ兄弟となります。ただし双方の見た目はまったく異なります。その理

横尾〜本谷橋から見上げた屏風岩

1 登山道を横断する文象斑岩のガレ場。割れ目が多く崩落を繰り返します　**2** 文象斑岩の岩肌。灰色をした大小の斑点が多数混じります。滝谷花崗閃緑岩（63ページ参照）ととてもよく似ています。冷却時間は違いますが、マグマの成分は同じだからだそうです

由は、閃緑斑岩がカルデラ噴火の直後（約1万年後）に貫入したのに対して、この文象斑岩が貫入したのはカルデラ形成から約15万～60万年後のことで、その間にマグマの成分に変化が起きたからです。噴火直後にできた穂高の溶結凝灰岩と閃緑斑岩が似かよい、それから時間が経ってできた文象斑岩とこのマグマの最終形ともいえる滝谷花崗閃緑岩とが似かようという事実に、岩石にも生物のルーツのようなものがあるのだと感動しました。

横尾岩小屋付近から見た屏風岩。熱変成を受けて硬質となった花崗岩が大岩壁を作っています。第一ルンゼや第二ルンゼは、屏風岩山頂からの小さな氷河で埋まっていたようです

図18-1：屏風岩周辺の地質図。参考資料②抜粋して作図

さらに屏風岩をより強固な性質に変えた自然の驚異的なシステムも解明されました。それは文象斑岩のマグマ周辺にあった300℃の熱水が、花崗岩の割れ目を伝って中に流れ込んだというもので、熱水に含まれるミネラル分が沈殿することで、花崗岩の鉱物同士をコーティングしたのです。これにより、通常とは比べものにならないほど硬い花崗岩ができたのです。

仕上げは氷河による氷食

大岩壁ができたふたつ目の理由は、氷河による氷食です。次ページの写真1は南岳付近から屏風岩を俯瞰したものですが、ここからは氷河が屏風岩を削っていた様子がよくわかります。それを具体的にするため、屏風岩の西面（写真の右面）の切断山脚を白線でつないでみたところ、これを延長するとちょうど屏風のコルにもつながります。コルの手前斜面も、浅いながらも半椀状をしていることから、小カールができて氷河で埋まっていたと考えられます。本流

1 南岳から見た屏風岩と横尾谷。斜めの線は西面の切断山脚をつないだものです　**2** 屏風岩周辺を流れる横尾期の氷河のイメージ図。本谷カールにあった氷河の描写は省略しています。切断山脚の位置からだいたいの氷河を描いてみました。ただし横尾谷側は侵食が激しく、写真からはその位置が特定できず、五百澤智也氏によって描かれた「北アルプス南部の氷河地形」（航空写真により判読した氷河地形を地質図に記したもの）を参考にしました

である涸沢カールからの氷河に、屏風のコルからの支流が合流し、屏風岩西面の尾根を削りながら下っていく様子が思い浮かびます（写真2）。写真に重ねたイメージでは横尾岩小屋あたりで氷河を終わりにしていますが、この短い距離でこの厚みの氷河が終わるのは少し不自然です。新たに氷河堆積物が発見された横尾山荘の下あたりまで流れていたと考えた方が自然です。

U字谷の氷河の厚み

カールでは切断山脚の位置を氷河の最大の厚さとしましたが、U字谷ではどうでしょう。ここではその「肩」をたどることで氷河の高さがわかります。肩とは、氷河が削ったU字谷の側壁が元々のV字谷のラインに戻る部分で、そこを境に谷の傾斜が変わります。

横尾谷のU字谷については、北穂高岳から俯瞰するとその様子がわかります。下の写真がそうですが、横尾尾根側の斜面にU字谷の肩と思われる段差が見えています。図18－2は横尾谷の断面を地図ソフトを使って描いたものですが、谷の傾斜が変化する肩の線が断面図にも表現されています。ただし横尾尾根と屏風岩ではその高さが違います。屏風岩側が約100m高いのです。これはおそらく屏風岩側の斜面が崩落したからで、それによってできた見せかけの肩がより高い位置に現れたのでしょう。ここでは横尾尾根側の肩を「横尾谷の肩」とします。

では約6万年前、本谷橋の上に流れていた氷河の厚さをU字谷の断面図から推測してみましょう。横尾尾根側の肩の高さが標高約2100m、本谷橋の標高が1782mなので、その差は約320mとなります。氷期が終わってからの沢による谷の下刻量を引いても、概算で約300m前後の厚さの氷河があったと考えられます。

くどいようですが、この300mという数字は、写真と地図ソフトから読んだだけで、肩の高さひとつとっても、科学的な調査による裏付けはありません。私が伝えたいことは、涸沢の行き帰りに誰もが休憩をする本谷橋で、ふと見上げたその上に、約6万年前は300m前後の分厚い氷河が流れていたということを知ってほしいのです。穂高に流れていた氷河は、涸沢カール止まりのしょぼいものではなかったのです。

北穂高岳から俯瞰した横尾谷のU字谷。U字谷の肩と思われる部分に白線を引いています。前景の岩稜は北穂東稜

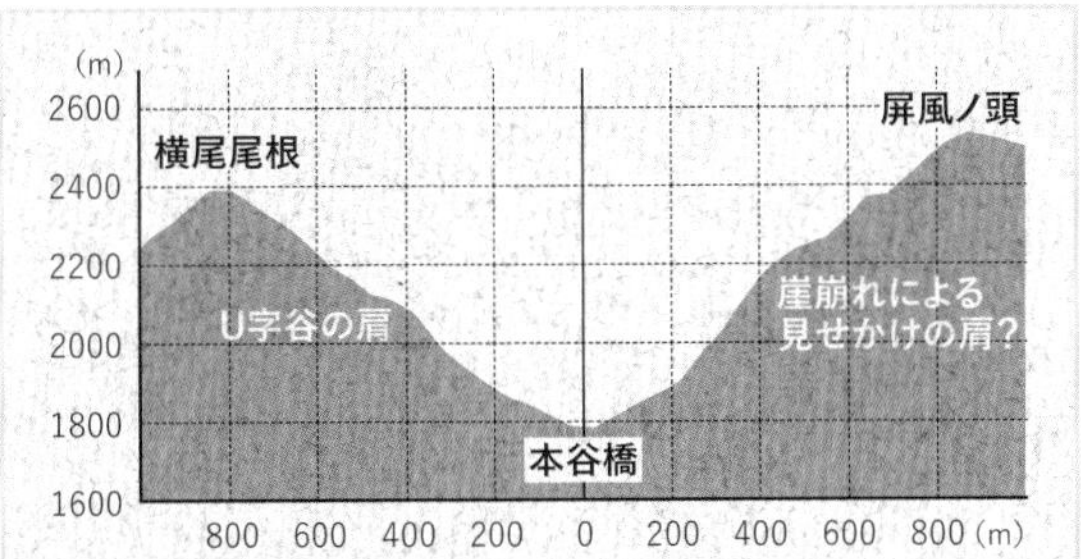

図18-2：屏風ノ頭と本谷橋を結んだ線で描いた断面図（カシミール3Dを使用）

19

雲仙普賢岳と焼岳を重ねて見る

焼岳と雲仙普賢岳は、山容からマグマの種類、噴火の形態までそっくりです。その普賢岳が噴火したのは約30年前のこと。当時の映像や記録を見返すことで、焼岳を知る手がかりになります。

　2021年に、初めて島原半島を撮影で訪れましたが、その時に見た普賢岳の溶岩ドーム（平成新山）の印象は強烈でした。数々の火砕流の報道映像が脳裏によみがえり、噴火から30年近く経った今も、その出来事が続いているかのような生々しさを地形の隅々に感じました。そしてその狂暴な気配そのままの平成新山の姿が、焼岳とそっくりだったのです。

平成時代の普賢岳の火山活動を振り返って

　普賢岳が火山活動を再開したのは1990年11月のことです。現在50歳以上の方は当時の報道で、溶岩ドームの形成と火砕流の発生、人的被害、火山堆積物による土石流被害についてご存じだと思います。それ以下の年齢の方は動画サイトで「普賢岳　火砕流」などの言葉で検索してみてください。繰り返し発生する火砕流の映像は、今回の主役である焼岳の山容のでき方をリアルに教えてくれます。実際、焼岳について書かれた研究者の論文の中に、普賢岳の噴火からわかったことを焼岳にフィードバックした、という記述を目にすることが何件かありました。

　私たちが火山噴火と聞いて思い浮かべるのは、火口付近が噴き飛び、黒煙が湧き上がるような爆発的なシーンか、普賢岳の少し前になりますが、伊豆大島の三原山で見られた溶岩が川のように流れるシーンです。それに比べると普賢岳は、溶岩ドームと呼ばれる岩の塊が大きくなって崩れるばかりで、当時は何をもって噴火なのかがよくわかりませんでした。このように火山によって噴火の形態が異なるのは、マグマの性質が違うからです。普賢岳も焼岳もデイサイト質と呼ばれる粘り気のあるマグマからできています（図9－1）。三原山は粘性の低い玄武岩質マグマからできているので、火口から溶岩がサラサラと流れ出ましたが、普賢岳ではボソボソの溶岩が、舌先のようなもの（ローブ）を作りました。

1 水無川に架かる橋から見上げた平成新山。谷を平らに埋めた火砕流堆積物の量に圧倒されます　**2** ローブと呼ばれる舌先状の溶岩の垂れた跡が重なっているのが見えます

溶岩は空気に触れることで表面から冷えて固まるので、動きの遅い溶岩が停滞する火口付近ではローブが重なり合い、ドーム状の高まりを作っていきました。外観は普通の岩山に見えますが、その中身は高温の溶岩です。ドームの不安定な部分が崩れると、山の斜面を転がるうちに中の溶岩が激しくはぜて、わずか数秒で高温の火山ガスと大量の火山灰が高速で駆け下りる火砕流へと変化しました。度重なる火砕流により山麓の谷は埋まり、景観は一変します。この時の普賢岳の火山活動は約4年3カ月続きますが、その間に発生した火砕流の数は9432回にのぼり、マグマの噴出量は約2・4億㎥（東京ドーム約190杯分）になります。成長を続けた溶岩ドー

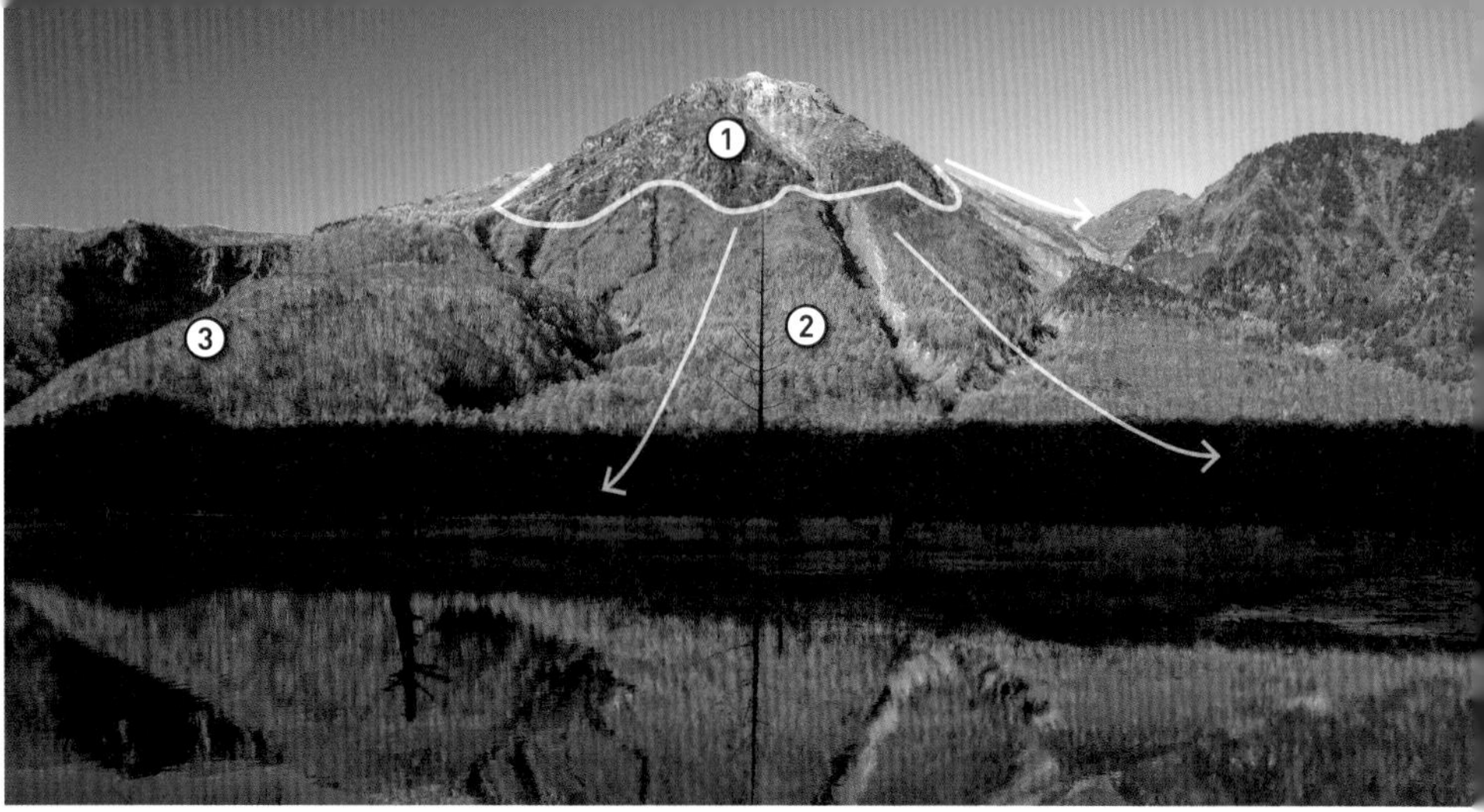

大正池から見た焼岳。①約2300年前の噴火時にできた溶岩ドーム。②その時の溶岩ドームが崩れて発生した火砕流による堆積層。③約4000年前の溶岩流

焼岳の溶岩ドームの末端部。舌先状のローブが重なる様子がうかがえます

ムは普賢岳の標高を抜き去り、平成新山として今では島原半島の最高峰となっています。

焼岳に普賢岳を重ねて見る

焼岳周辺にはいくつかの火山が連なっており、それらを総称して「焼岳火山群」と呼んでいます。それらは活動期によって「旧期」と「新期」に分けられており、旧期は約12万年前から7万年前、新期は約3万年前から現在まで続きます。主峰である焼岳は新期に属し、活動の始まりは約2万年前とされています。焼岳火山群の噴火史については、火山学者である及川輝樹氏のホームページや著書に詳しい記述があります。

上の写真は大正池から見た定番の焼岳ですが、前ページの写真に写る平成新山とそっくりです。今の焼岳の姿は、いくつかの時代の火山活動の痕跡が同居していますが、山容の特徴となる溶岩ドームができたのは約2300年前の噴火とされています。写真1の①がその時にできた溶岩ドームで、②が火砕流による堆積層です。噴火から時間が経っているので侵食による深い溝が数本走っていますが、当時の谷を埋めたことでできたなだらかな傾面が今も残っています。大正池の池畔に立って焼岳を見上げ、普賢岳で撮影された映像

を重ねることで、約2300年前の噴火をリアルに想い描くことができるのです。

焼岳に登って溶岩ドームを見る

では実際に焼岳に登り、溶岩ドームを間近に眺めてみましょう。活動中の火山への登山は、大地の鼓動を思わせる動的要素が直接五感に響いてきます。それが魅力ですが、同時に噴火災害に遭遇するリスクもあります。最新の火山情報の確認と噴石対策として登山用ヘルメットの持参、そしていざという時どのように行動するかというシミュレーションをしておきましょう。

マイカー利用の場合は、上高地への乗り換えの手間が省けるので、中ノ湯温泉の上にある登山口を利用するのがよいでしょう。前半は樹林帯の急登が続きますが、下堀沢の深いガリーに合流すると視界が開け、溶岩ドームを仰ぎながらの登りになります。しばらくすると右手にその溶岩ドームの末端が現れ、粘り気のある溶岩がゆっくりと流れていた跡が見られます。山頂部は、火口湖である正賀池や隠居穴と呼ばれる火口をはじめ、噴気孔と硫黄の黄色い結晶、溶岩ドームの迫力ある岩肌、赤や黄色の派手な色彩の火山岩など、見るものが多く火山の博物館にいるようです。なかでもおすすめは、中ノ湯ルートと新中尾峠からのルートが合流したところにある円筒形の岩塔です。上部に大量の礫を載せているのが目印です。左の写真1と2がそうですが、マグマの通り道である火道が侵食から残ったと思われ、粘性の高い溶岩の噴出の様子をリアルに伝えてくれています。

1 北峰への最後の登りで現れる、礫状の溶岩の塊　**2** これと似た形状のものを普賢岳の溶岩ドームの調査報告（参考資料⑱）のなかで見つけました。「破砕溶岩丘」と呼ばれており、火口付近の火道のなかで冷却したマグマが礫状となって現れたものと思われます

におい・音・熱・色彩が
五感に響きます

焼岳山頂の溶岩ドーム

20 岩塔を作った天才彫刻家の正体

燕山荘から燕岳山頂までは、道の両側に並んだ花崗岩の岩塔を眺めながら歩く雲上の美術館です。この造形も「たまたま」「奇跡的」にできたのではなく、平行な割れ目に季節風が作用して生まれた個性です。

花崗岩の山といえば、今回の主役である燕岳をはじめ、南アルプスの地蔵岳、海上アルプスの異名を持つ屋久島の山々など、尾根や稜線に白い花崗岩の奇岩がそそり立つ姿を思い浮かべます。地学用語ではそれらを「トア」、または「岩塔」と呼んでいますが、なかでも燕岳のトアは、そのどれもが創作意図をもって作られたような高い造形性が見られます。他では見られない個性が生まれた理由を探ってみましょう。

風化が及んでいない硬い部分コアストーン

大きな人的被害を伴う自然災害が発生すると、その原因となった現象を示す用語が一躍有名になることがあります。前章の普賢岳での「火砕流」がその最たる例ですが、2018年の西日本豪雨の際には「コアストーン」という言葉が頻繁に用いられました。この時の豪雨は西日本を中心に日本各地に甚大な被害をもたらしましたが、なかでも広島県熊野町で発生した土石流災害では、裏山が崩れ直径2mを超える花崗岩が大量に流れ出して人家を直撃しました。この巨石を「コアストーン」としてマスコミが紹介したのです。これだけの数の巨岩はどこから来たのでしょうか。平時から裏山に転がっていたならば、その危険性を誰もが認識し、対策も取られたことでしょう。しかしコアストーンの大半は地中にあったので、人目に触れることはありませんでした。

図20−1は、一般的な花崗岩の風

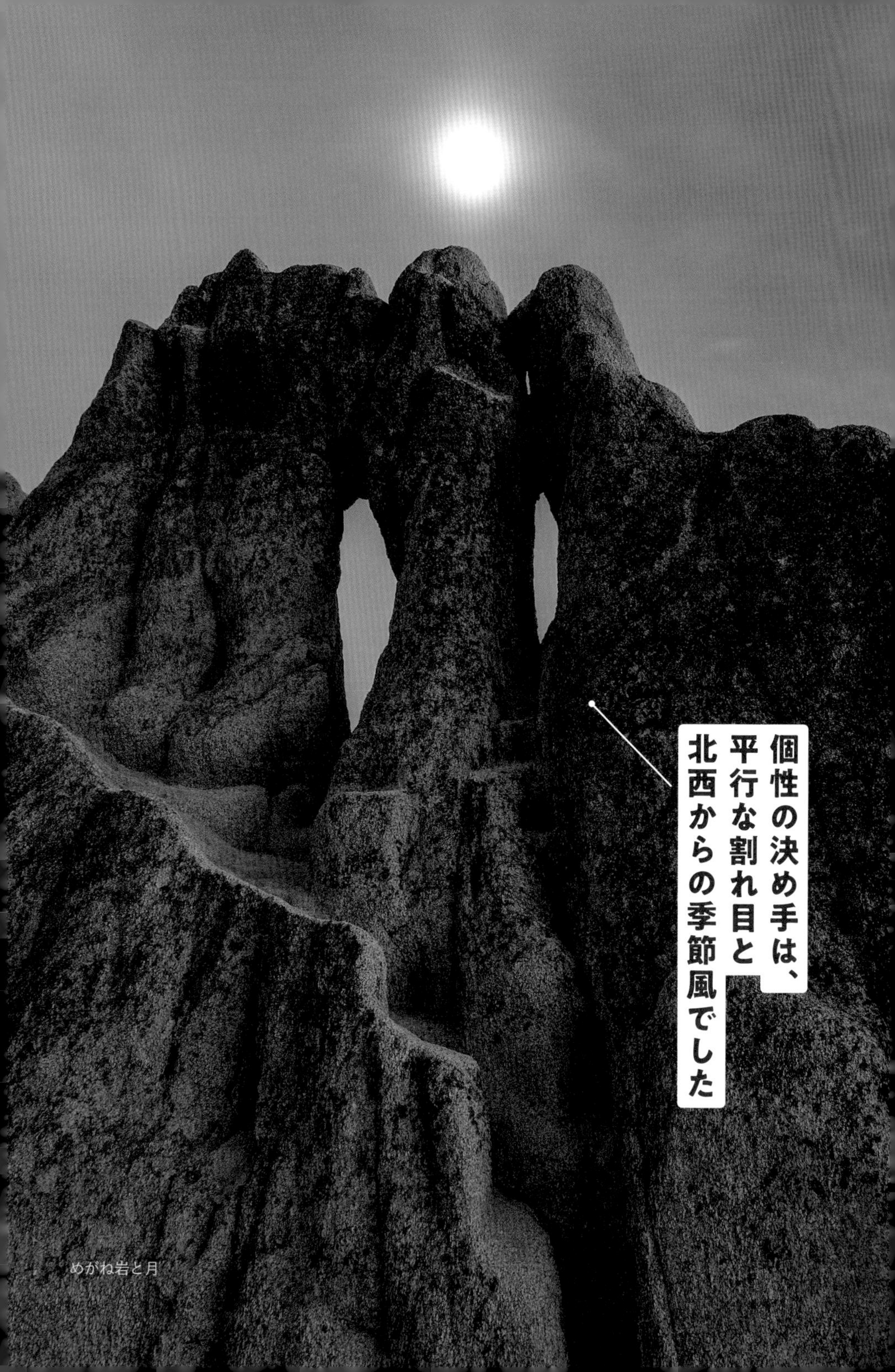
個性の決め手は、
平行な割れ目と
北西からの季節風でした
めがね岩と月

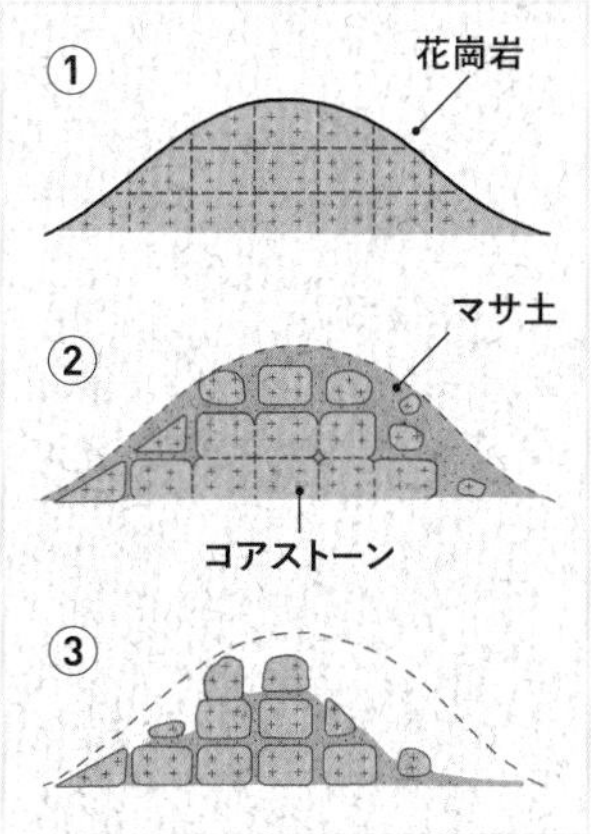

図20-1：花崗岩の風化過程のモデル図

化過程をモデル化したものです。花崗岩は地中深くでマグマがゆっくりと冷えてできますが、体積が収縮することで岩体全体に節理（割れ目）が入ります。流れ出た溶岩が急冷されてできる柱状節理とは違い、時間をかけてゆっくりと冷えるので「方状節理」と呼ばれる立方体に近い形状となります。それが隆起して山となったのが図の①です。

図の②は方状節理を伝って雨水が岩石の中まで浸入し、節理面に沿って風化が進んだ様子を示しています。花崗岩の風化は、寒暖差などにより

大分県の国東半島の海岸に横わたる巨大なコアストーン

岩石を作る鉱物同士の結合力が低下することで進みます。最終的には砂や粘土になりますが、これを「マサ化」と言い、できた砂を「マサ（真砂）」と呼びます。風化は②のように、地中に埋まった状態でも雨水がしみ込むことで節理に沿って進んでいきます。そしてその残った部分がコアストーンとなるのです。広島県熊野町の土石流の場合、この地中に埋まっていたコアストーンが、その周辺を埋めていたマサと一緒に流出しました。地表からはまったく見えない隠れた脅威だったのです。

図の③は侵食が進み、雨によってマサが流され、コアストーンが地表に現れた様子を示しています。花崗岩でできた山を登っていると、沢筋に白くて丸い大きな岩が横たわっているのを見かけますが、これは山崩れなどで流れ出たコアストーンだと思われます。山頂で見かけるトアは、地表に現れたコアストーンが風雨にじかにさらされることで塔状になったものです。空に向かってそそり立つトアを見ていると、地表に現れた時点から風化が始まり、次第に塔状に侵食されたようなイメージを抱きますが、実際は地中にある段階で、コアストーンとして造形の土台が作られていたのです。

造形にひと味加える もうひとつのひび割れ

花崗岩が生まれた時に入る方状節理の他に、もうひとつ知っておいて

ほしい節理があります。地中深くで生まれた花崗岩には四方八方から高圧がかかっていますが、地表付近にまで上昇するとそれから解放されて花崗岩自体の体積は膨張します。その際のひずみが割れ目となって現れるのです。専門的には「シーティング」と呼ばれており、山奥などで真二つに切られたように割れた大きなコアストーンが、伝承とともに史跡になっていることがありますが、それらはこのシーティングの仕業であることがほとんどです。

シーティングの節理は、方状節理よりその間隔が狭めで、圧力の解放により入ることから、平行に並んでいることが多いようです。左上の写真は、燕山荘から少し山頂側に歩いたところにある岩ですが、包丁で輪切りにしたような割れ方をしています。等間隔に細かく割れたその様子から、シーティングによるものと思われます。

輪切りにされたようなトア。等間隔のひび割れはシーティングによるものと思われます。ひび割れを押し広げたのは氷期の寒気で、今の気候ではこのサイズの岩を割ることはできません

季節風がトアを偏って削る

燕岳のトアについて調べていると興味深い調査報告（参考資料⑲）を見つけました。燕岳の岩塔は、西面だけが丸く削られてカーブを描いているのに対して、反対の東面は未風化のままで節理の直線によって切れ

1 燕岳のトア。写真左側から季節風が吹きます　**2** 滋賀県栗東市の金勝山のトア。トアの形を比較してみましょう。金勝山のトアがあるのは標高約500mで、季節風や圧倒的な寒気はなく、雨や植物の影響を受けながら風化が進んでいます

落ちているというものです。これは燕岳の約半数の岩塔に見られ、特にその傾向は西側斜面に立っているものにより多く見られるそうです。その要因は冬季の北西からの季節風で、トアの表面温度を実測した結果、季節風を正面から受ける西面と風下側の東面では、明らかな寒暖差がみられたそうです。寒暖差が大きいほど風化も早く進むことから、一本の岩塔でありながら、東面と西面では非対称な形状となったのです。

下の写真に写るトアは通称「イルカ岩」で、槍ヶ岳と組んで撮影できることから写真愛好家に人気です。

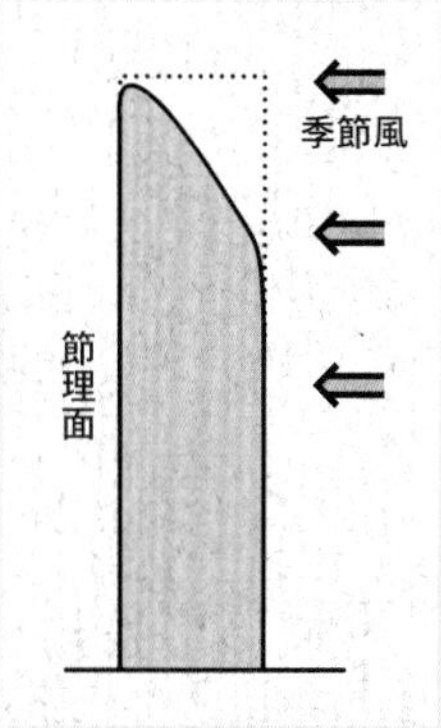

図20-2：燕岳におけるトアの風化モデル

イルカ岩と背景に見える槍ヶ岳　図20-2と照らし合わせてみましょう。風上側は一様に曲線となり、風下側は節理面の直線で切れています。風が直接当たることによる寒暖差が風化を早めていると思われます

このトアを使って先の法則を検証してみましょう。写真の右側が西であり、季節風は右から左へと吹いています。白線を引いた西面の曲線と、黄色の線を引いた東面の節理による直線を見ると、絶妙に法則と合致しており、イルカ似の造形は、節理の間隔と北風のコラボによって生まれたことがわかります。

めがね岩の造形を解読

では仕上げに、山頂のすぐ手前にある通称「めがね岩」の造形も見ておきましょう。次ページの写真を見てください。名前の由来となっためがねの形に見えるのはこの反対側の北面からですが、今回は太陽光線の都合で、形がわかりやすいように南面を撮影しました。季節風は写真の左から右へと吹いています。黄色の直線は、シーティングと思われる割

れ目を示しています。平行に並んだその割れ目からも風化が進んでおり、めがねの穴もこれに沿って岩の一部が抜け落ちてできました。白色の曲線は季節風により面が丸くなった様子を示しています。このように曲線と直線がリズムをもって繰り返し現れるところに、燕岳のトアの個性があります。

めがねの全景

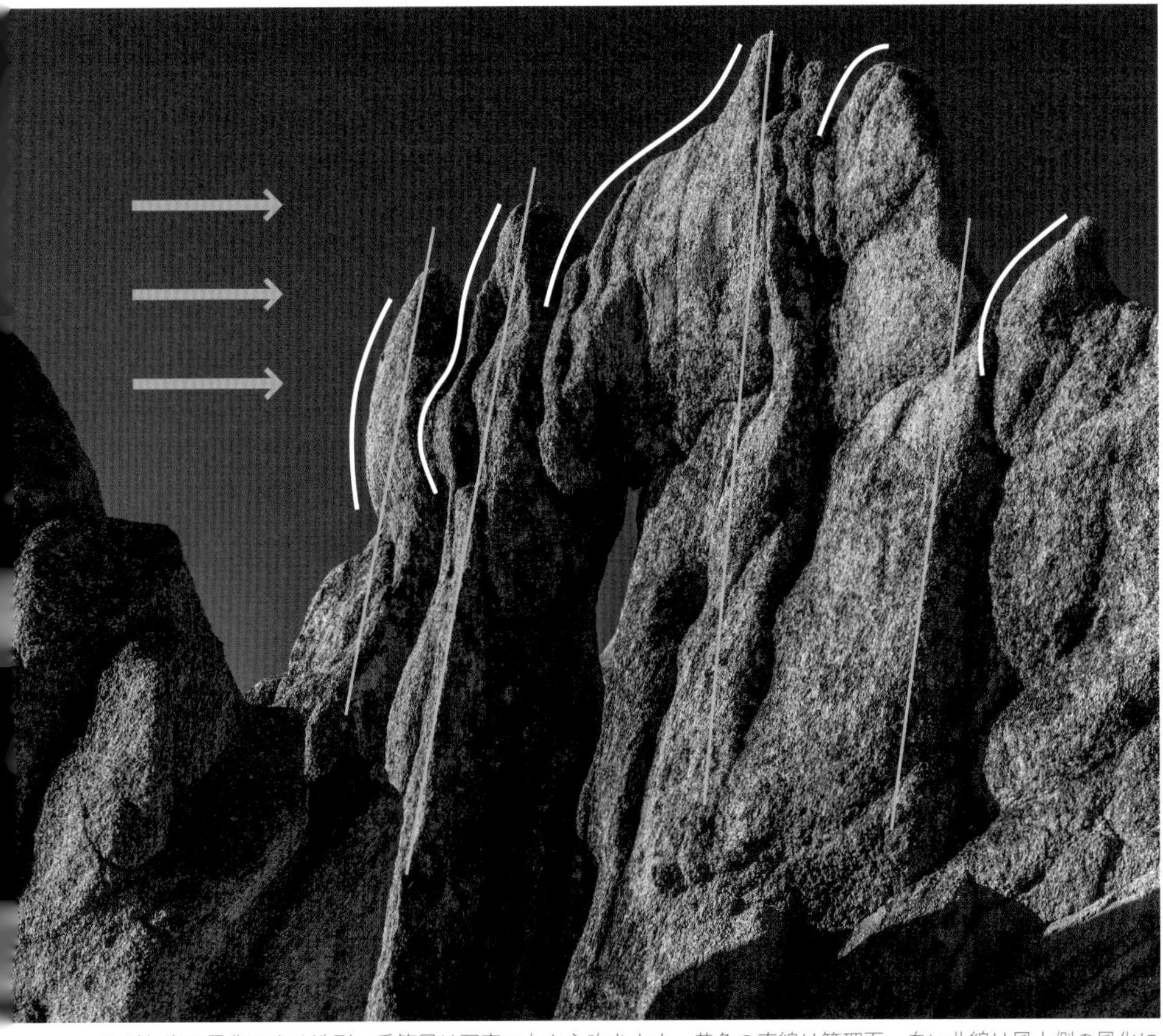

めがね岩の風化による造形。季節風は写真の左から吹きます。黄色の直線は節理面、白い曲線は風上側の風化による輪郭線です

21

風と寒気が作る周氷河地形

寒冷地に生きる動植物は積雪があることで寒気から身を守り、命をつなぐことができると言われます。大地については積雪の有無が地形の違いを生むことがあります。雪が飛ばされ、じかに寒気にさらされた斜面についての話です。

前章で、燕岳のトア（岩塔）の約半数が季節風の影響で北面が丸く削れている、という調査報告を紹介しましたが、本章はさらにスケールアップして、風と寒気、そして地中の水分が作る地形についてです。このような地形を総称して、聞き慣れないことばですが「周氷河《しゅうひょうが》地形《ちけい》」と言います。本来は氷河の周辺部で起こる現象や地形を指す用語ですが、日本では、高山帯や北海道の道東など、寒冷地で見られる現象や独特の地形に対しても使われます。

風と寒気が地形を変える非対称山稜

山を歩いていると稜線の片側がなだらかで、もう片方が急崖になっているような場所に出くわすことがあります。それほど珍しいものではなく、常念山脈の森林限界を超えた稜線や槍ヶ岳から南岳にかけてなど、規模の差はあれ比較的よく目にします。観察する場合は、足元より少し先の山稜を眺める方がよくわかります。このような地形を、字のままで

カラマツの風衝木。上高地のまっすぐなカラマツ林と比べるまでもなく、季節風の強さを物語っています。常念乗越にて撮影

弓折岳稜線にて撮影

すが「非対称山稜」と呼んでいます。北アルプスの非対称山稜には、なだらかなのは西側斜面で、急崖になっているのは東側斜面という法則があります。これは冬の季節風と積雪量が関係しているからで、氷河地形

常念岳山頂から俯瞰した蝶ヶ岳へ続く稜線。形状だけではなく、植生などにも変化が現れます

のカールのところでも話しましたが、季節風は風上となる西側斜面に降った雪を吹き飛ばし、風下に大量の積雪をもたらします。氷河地形では積雪の多い風下が主役でしたが、今回は風で雪を飛ばされ冬季の寒気をじかに受ける風上側の話です。

上の写真は、常念岳山頂から稜線を俯瞰して撮ったものです。写真の右側が西斜面で風上、左側が東斜面で風下です。わかりやすいように山稜の断面をイメージした補助線を入れました。西斜面はなだらかで凹凸も少なく、岩屑が無数に散らばっています。登山道がある稜線付近は裸地が広く見られ、その下にハイマツがまだらに生えています。対して写真左側の東斜面は急な崖になっており、少し山体をえぐったようなへこみが見られます。植生は豊かで、稜線の直下までダケカンバなどの樹木が茂っています。

次ページ下の写真は、燕岳山頂から燕山荘方面を俯瞰したもので、こちらも東と西の斜面の特徴が常念岳と同じです。初冬に撮影したものですが、降りたての新雪ですら、双方の斜面では積雪量に違いが現れています。

風上側斜面で起こっていること

では風上側である西斜面で起こっていることを見ていきましょう。その特徴は、なだらかな斜面を大量の岩屑（燕岳など花崗岩の山ではマサの場合もあり）が覆っていることですが、順番からいうと、岩屑に覆われることでなだらかになったのです。この大量の岩屑は、稜線の岩場が寒気にさらされることによって細かく

割れてできたものです。風で雪が飛ばされ、むき出しになった岩の表面は、氷雪が張り付き、凍結と融解を繰り返します。岩の割れ目に浸み込んだ水分は凍結すると体積が増えるため、くさびを打つようにそれを押し広げ割ることで礫を作ります。これを「凍結破砕作用」と言い、険し

燕岳から見た非対称山稜。風上（右側）と風下（左側）で新雪の残り方が違います

1 双六岳で撮影した線状土　**2** 蝶ヶ岳で撮影した円形土　**3** 北八ヶ岳の亀甲池で撮影した多角形土。多角形土は、湿地や晩秋あたりに水が涸れる池で見られます。水底の粘土が多角形に割れて凍上することで構造土になるのでしょう。北海道大雪山系のトムラウシ山には大規模なものが見られます

い岩稜を一面の岩屑斜面へと変化させていきます。

霜柱が描く大地の模様

しかしこれはまだ第一段階で、この先があります。寒気は自ら作った礫を、わずかずつですが動かしているのです。その原動力となっているのが霜柱による凍上と融解です。10月になると標高3000mの稜線では、普通に霜柱が見られるようになります。根雪の季節になっても風上側のむき出しの地表には、地中から吸い上げられた大量の水分が凍結して霜柱ができます。礫は霜柱による凍上と融解を繰り返すうちに、少しずつ移動しながら大きさの選別が行われ、その大小によって幾何学的な模様を地表に描きます。これを「構造土」と呼んでおり、模様によって円形土、線状土、多角形土（亀甲土）などに分かれます。蝶ヶ岳や双六岳などの斜面で観察することができます。円形土はおもに平坦な場所にできるのに対して、線状土は緩斜面で見られます。その中間あたりでは、円形が伸びて線状へと移行する形状も見られます（図21－1）。

冬が終わり、霜柱が解けだすと、地表の礫や土壌が融水で飽和状態となります。このグズグズの地表の礫層は、地中に残る凍結層の上面を滑るように谷側にずり落ちる動きをみせます。それは土砂崩れのような激

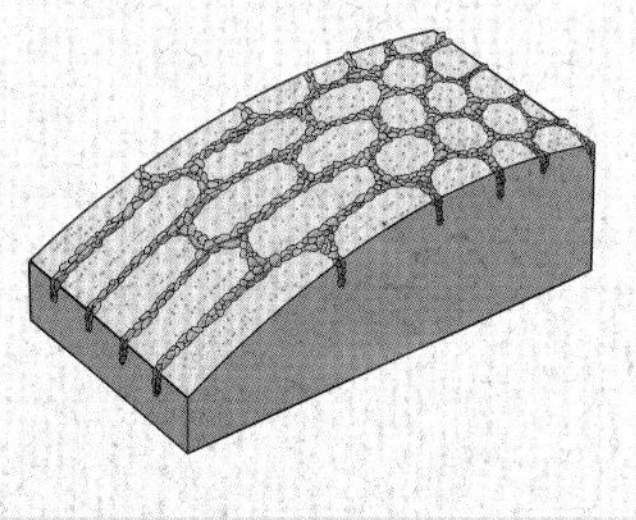

図21-1：円形土から線状土への移行モデル。大きな礫の下には溝があり、その中に落ち込むように並ぶことで模様に見えます。参考資料⑨P119の図を基に作成

しいものではなく、人の目ではわからないゆっくりとした滑動で、その距離も数センチから数十センチのわずかなものです。専門用語で「ソリフラクション」と呼んでいますが、このわずかな動きを延々とシーズンごとに繰り返すうちに、非対称山稜の風上側で見られるなだらかな地形が作られていくのです。

風下側の雪食作用

では風下側の急崖はどのようにできたのでしょう。こちらはいたってシンプルで、大量の降雪による雪崩や雪庇の崩壊などが直接的に地形に影響を与えたのです。北アルプスの場合は、氷期にはカール地形になっていたこともあり、そのカール壁の急崖がそのまま非対称の形状につながっています。さらに夏遅くまで残雪がある場合は、雪食作用により「雪窪《ゆきくぼ》」と呼ばれる浅い窪地ができることで、斜面の傾斜が増していきます。植生についても、吹きさらしの風上側に比べて、雪があることで断熱効果が得られ、より多くの植物が生きていけるのが風下側です。写真を見るだけでもその違いは一目瞭然です。

風向きや寒気が地形を作るなどと聞くと冗談に思えますが、霜柱が延々と砂粒を持ち上げ続ける限り、地形はこれからも変化していきます。

南岳の飛騨側斜面に見られる模様。底に向かって動く礫が、山肌に縞模様を描いています

22

上高地誕生の物語を想う

最後は上高地の生い立ちについてです。近年ではボーリング調査なども行われ、かなり詳細にいろいろなことがわかってきているようです。その知識を借りて「上高地誕生物語」と題した時間旅行に出掛けましょう。

初めて上高地に行った時のことをよく覚えています。新島々で路線バスに乗り換え、渓谷沿いの国道を右へ左へと曲がりながら走るバスの車窓からの風景は、日常がある街と異界である山との境界を見るようでした。険しいと友人から聞いていた奥穂高岳への初登山が目的だったので、徐々に濃さを増す山の気配に気後れしていたのかもしれません。

上高地到着寸前に通過した釜ヶ渕の狭く険しい渓谷と素掘り風の荒々しい旧釜トンネルは、私の緊張感をいやが上にも高めていきました。「こんな険しいところにある岩山に私ごときが登れるのか?」などと考えていた矢先、大正池と穂高連峰のあの広々とした景観に対面したのです。その「狭」から「広」への場面転換に拍子抜けしたと同時に、上高地の風景がよりいっそう素敵に見えたのも事実です。この見事な演出は、上高地誕生にまつわる地学的な出来事が重なって生まれたことを後になって知りました。

釜トンネルとその横に流れる釜ヶ渕。この流れの先に上高地のあの広がりのある風景が待っていることを誰が想像できるでしょう

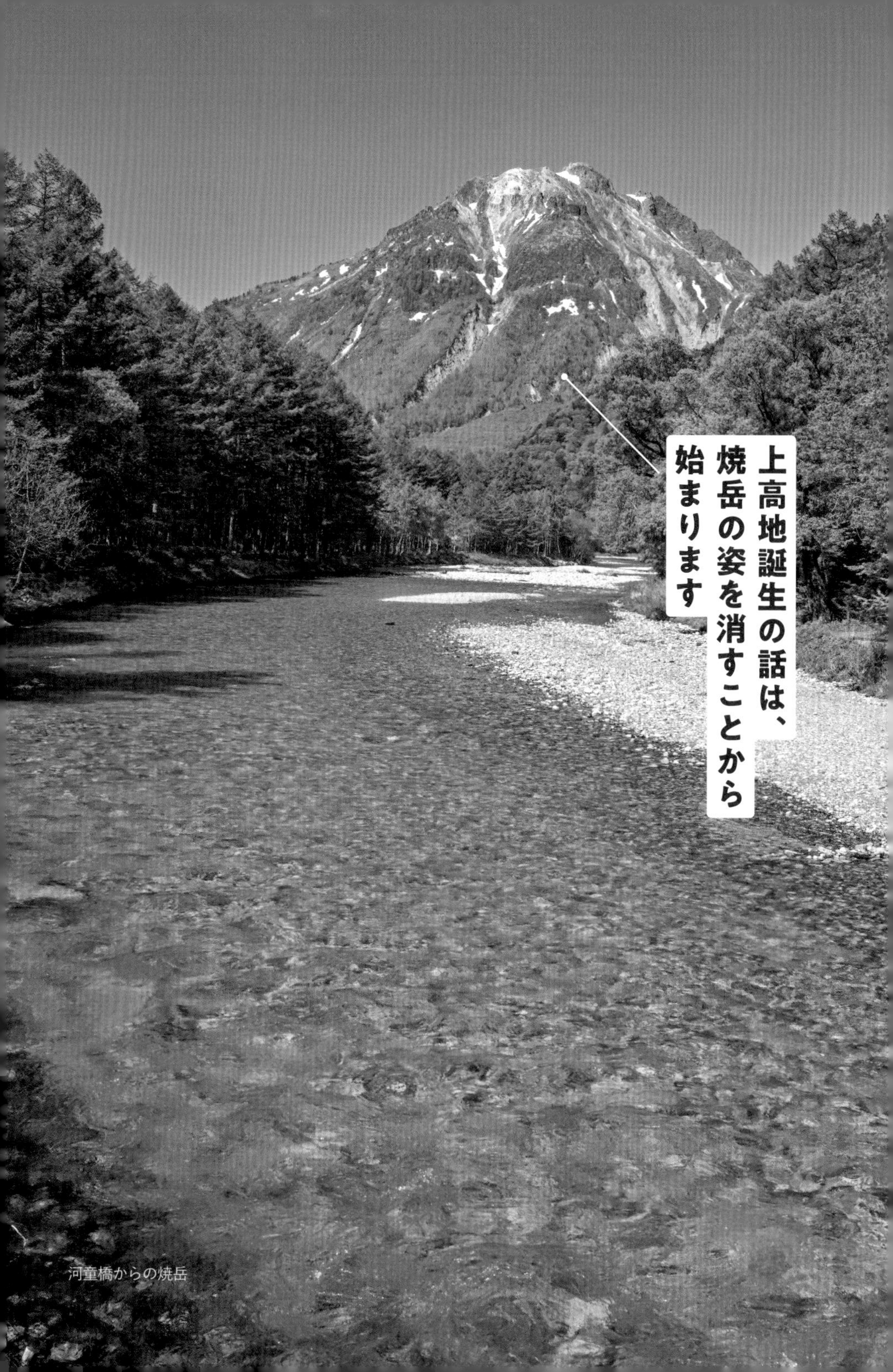
上高地誕生の話は、
焼岳の姿を消すことから
始まります
河童橋からの焼岳

1 奥日光の観光地、華厳の滝。柱状節理の岩盤は右手にそびえる男体山から流れ出た溶岩流によるものです。溶岩は川を堰き止め、この岩壁の向こうにある中禅寺湖を誕生させました　**2** 岐阜県側から見た焼岳火山群と平湯温泉街。このふたつの山がない頃、梓川はこのあたりを流れていたのです

山の源流部に広がる景勝地

小学校の社会科の授業で、川の源流から海に至るまでの変化を学習した時、上流にある山の谷は深く険しいと習いました。新島々からの車窓風景も釜トンネル出口まではそれに当てはまりますが、大正池に着いたとたんに崩れます。山の源流域にある谷でありながらあの平坦な広がりは、とても異質です。ただこのような広がりのある谷間は上高地にだけ見られるものではなく、例えば栃木県にある奥日光もそのひとつです。いろは坂の急で山深い道を上った先に待っているのは、中禅寺湖や戦場ヶ原の広々とした風景です。奥日光

に隣接する尾瀬沼や尾瀬ヶ原もそうです。これらには共通項があります。いずれも火山噴火による溶岩流や火砕流によって谷が堰き止められたことでできた平坦地なのです。奥日光は男体山とその周辺の火山が、尾瀬沼や尾瀬ヶ原は燧ヶ岳とその周辺の火山が関わっています。では上高地を作った火山はどれでしょう。それは今も大正池手前で門番のようにそびえる焼岳と、その周辺の焼岳火山群です。谷の堰き止めによって誕生した巨大な湖の底には上流から運ばれてくる土砂がたまり続け、そうしてできたのが上高地や奥日光の広々とした山上の景勝地なのです。

上高地誕生前夜の風景を想う

上高地ができる前の様子を想像するにあたって、まずしなければいけないことは目の前の風景から焼岳を消すことです。正確には焼岳火山群の「新期」と呼ばれる白谷山、焼岳、アカンダナ山の並びを消すことです。すると当時の梓川が流れていた方向が今と異なることに気づきます。現在は大正池から釜ヶ渕の狭い渓谷を通って松本盆地へと流れていますが、上高地の平坦地が堰き止め湖による堆積でできたとするなら、オリジナルの梓川の河床はもっと標高の低い位置にあったはずで、今の場所からは流れ出ることはできません。それに対して岐阜県側にある平湯温泉の標高は約1250mで、焼岳火山群をないものとすると、このあたりに梓川が流れていたと考える方が自然です。実際これは、上高地側の上流にしかない礫が平湯付近の地層の中で見つかったことで実証されました。焼岳火山群が噴火する前は、梓川は岐阜側に流れていたのです。

そして次は当時の谷の様子です。現在の上高地の標高は約1500m

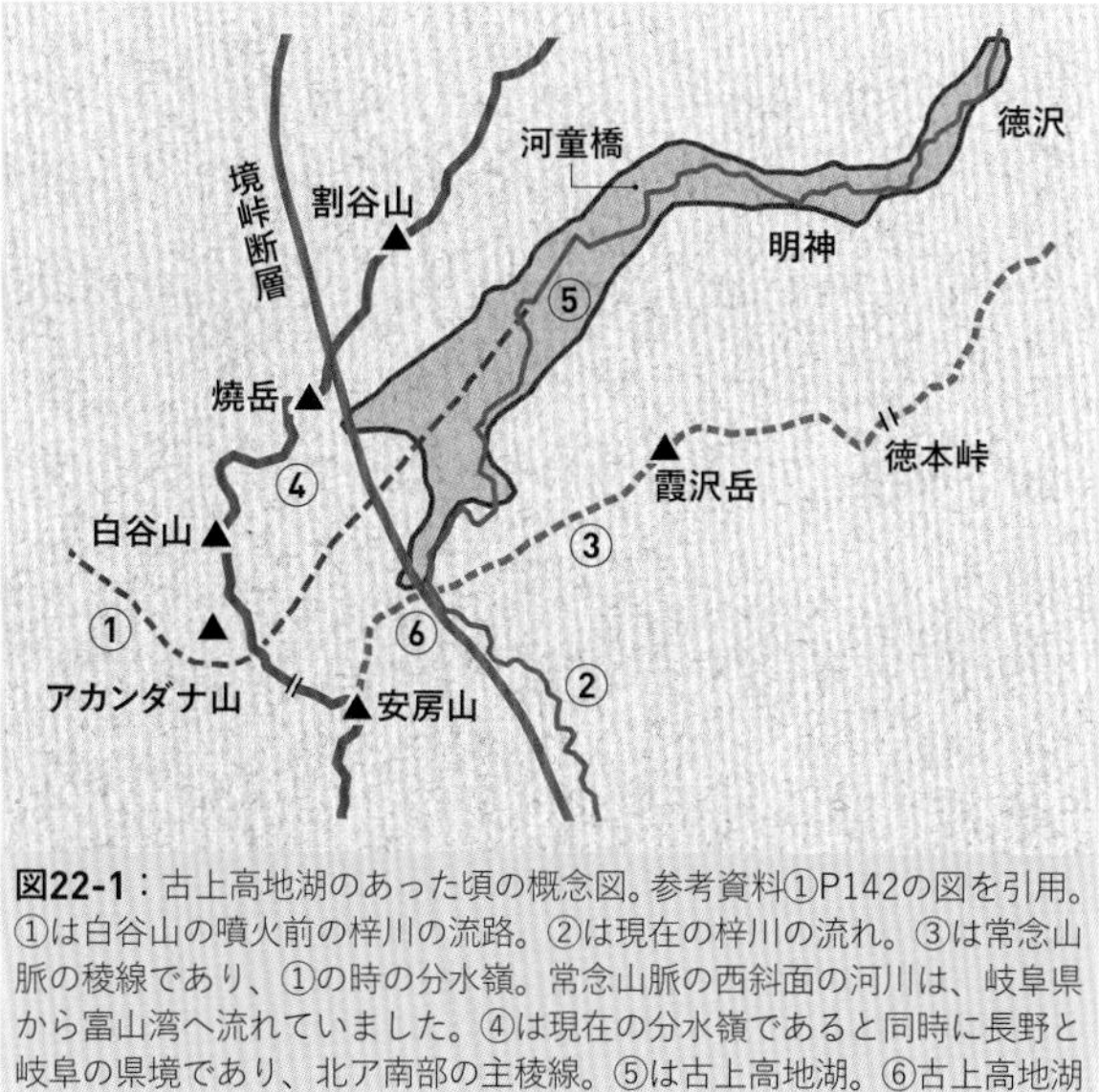

図22-1：古上高地湖のあった頃の概念図。参考資料①P142の図を引用。①は白谷山の噴火前の梓川の流路。②は現在の梓川の流れ。③は常念山脈の稜線であり、①の時の分水嶺。常念山脈の西斜面の河川は、岐阜県から富山湾へ流れていました。④は現在の分水嶺であると同時に長野と岐阜の県境であり、北ア南部の主稜線。⑤は古上高地湖。⑥古上高地湖の決壊ポイント。境峠断層と旧分水嶺が交差したところで起きました

当時の上高地はV字形をした深い峡谷で、梓川は現在より約300mも低い標高1200mあたりを流れていました。また流路も長野ではなく岐阜方面に流れていました

ですが、当時の梓川は約３００ｍ下の標高１２００ｍを河床にして流れていました。本来の山岳地域で見られるＶ字形に切れ込む大峡谷の様相だったと思われます。これは２００８年に大正池の湖畔で実施された、原山先生を陣頭とする信州大学によるボーリング調査で判明しました。この時、地下から引き上げられた試料からは、上高地の成り立ちを物語る証拠が出てくるのですが、その最下層である２８９〜３００ｍからは、当時の梓川の河床と思われる丸い礫と砂の層が見つかったのです。

以上のことをふまえて、堰き止め前の大昔の上高地を想像してみましょう。まずは焼岳とその周辺の山を消し去り、今の上高地の平坦地も除きます。代わりに両岸の山腹斜面を地下約３００ｍまで延長した深いＶ字峡谷を思い描き、その流れの先を今の信州側ではなく岐阜県側につけ

白谷山の噴火により梓川が堰き止められたことで、徳沢あたりまでが湖水につかる古上高地湖が誕生しました。湖底では土砂が厚く堆積し、後の上高地の土台となりました

替えると完成です。

堰き止められたのはいつ？どの火山が堰き止めた？

焼岳火山群の火山活動により岐阜県側への流路が堰き止められ、巨大な堰き止め湖が誕生しますが、その時期については先の信州大学のボーリング調査で明らかになりました。峡谷の河床と判断されたひとつ上の地層、すなわち湖底に最初に積もった地層から採取した植物片の放射性炭素年代を測定すると、約１万２４００年前と出たのです。その頃に活動していた火山が梓川渓谷を堰き止めたということになり、該当を探すと白谷山がそうであることがわかりました。焼岳も活動期にあたりますが、ちょうどその頃の活動を示す溶岩流などの証拠がなく、対象から外れたようです。

できた湖は「古上高地湖」と呼ば

古上高地湖が長野県側に決壊したのは約6000年前のことです。
その後も堰き止めと決壊を繰り返し、今の上高地ができました

れています。大正池を思い浮かべる人もいるかもしれませんが、規模はその比ではありません。たまった湖水の奥行きは徳沢の少し先まであったと考えられています。上高地から横尾までの登山道の距離は約11㎞なのに対して、標高はたったの100mしか上がりませんが、これは湖底に堆積した土砂がその勾配をすべて埋めてしまったからなのです。

古上高地湖の決壊

ボーリング調査で得られた地下約300mの堆積層を分析したところ、湖の決壊と堰き止めが何度か繰り返されたようです。古上高地湖の誕生は約1万2400年前ですが、決壊の時期は約6000年前と判明しました。「不整合」と呼ばれる堆積の不連続面の少し下の地層に、約7300年前に噴火した鬼界カルデラか

らの火山灰が混じっていたことで特定されたのです。これにより古上高地湖は、約6000年強の間、存在し続けたことがわかりました。決壊した場所は今の釜トンネル付近のどこかで、ちょうどその真下を走る境峠断層が起こした地震がきっかけになったのではないかと考えられています。新たな流路を長野県側に得た梓川は一気に松本盆地へと下りました。

とても若い釜ヶ渕の渓谷

次に起きた梓川の堰き止めは約4200年前のことで、142ページの焼岳の写真に写る③の溶岩流が堰き止めたとされています。決壊は約3700年前のことで、湖の存在期間は約500年間でした。この時に流れ出したのが釜トンネルの脇を流れる釜ヶ渕になります。章の冒頭で「狭く険しい」と書きましたが、それもそのはず、この谷は誕生してからわずか4000年弱しか経っていないのです。生まれたての釜ヶ渕と、長い時間をかけて作り上げられた穂高や上高地の景観が連続していることが、感動の対面を演出する大仕掛けの正体だったのです。

岳沢大滝を想う

本書では、これまで山の隆起や氷河の姿を実景と重ねて思い描いてきましたが、この上高地の変遷も想像を展開する題材としてはとても楽しいと思います。実際に河童橋の上で「焼岳を消す」という簡単な想像を行うだけで、とてつもなく大きな大地の営みに触れた気になります。地学に限らず、テレビの科学番組で解説に使われるCGはとてもよくできており、その場の理解に役立ちますが、身につく知識としては驚くほどあとに残りません。たったワンアクションでもよいので、自らの知識をもとに、その成り立ちや変遷をストーリーとして動かしてみることです。

写真は、上高地がV字形の大峡谷だった当時、岳沢からの流れは大きな滝になっていたのではないかと想像し作った合成写真です。勝手に「岳沢大滝」と名付けました。

約1万年以上前にあったと思われる「岳沢大滝」

槍・穂高の地史

約3億年前?	後に槍ヶ岳結晶片岩となる変成岩がプレートの沈み込み帯の深部で生まれる ⇩P58
約1億5000万年前	後に蝶ヶ岳や大滝山となる堆積岩が付加され、ユーラシア大陸東岸の一部となる ⇩P10・P18
約6700万年前	後に笠ヶ岳となる溶結凝灰岩がカルデラ噴火によりできる ⇩P78
約6400万年前	マグマが上昇し、付加体の中に割り込むようにマグマだまりを作る。そのマグマが冷えて、後に常念岳や燕岳となる花崗岩ができる ⇩P10・P18・P54
約2500万年前	大陸の東岸に亀裂が入り、沿岸部が島として分離し始める
約1500万年前	分離した島は、現在のこの位置で静止し、日本列島となる
約300万年前	太平洋プレートとフィリピン海プレートが、日本列島を東から押し始める東西圧縮。
約270万年前	今の北アルプスの地下に巨大なマグマだまりができる。その浮力により北アルプスの隆起が始まる ⇩P32
約176万年前	穂高カルデラ噴火 ⇩P32
約175万年前	槍ヶ岳カルデラ噴火 ⇩P33 穂高の溶結凝灰岩層に、後にジャンダルムとなる閃緑斑岩のマグマが貫入 ⇩P31
約140万年前	滝谷花崗閃緑岩が誕生。 槍・穂高連峰の傾動が始まる ⇩P76
約12万年前	焼岳火山群 旧期の活動が始まる 終了は約7万年前
約9万年前	阿蘇山4回目の破局噴火発生。 現在のカルデラができる
約6万年前	横尾期の氷河が流れる ⇩P114
約3万年前	涸沢期の氷河が流れる。消滅は約1万年前 ⇩P119
約2万6000年前	焼岳火山群 新期の活動が始まる
約1万2000年前	焼岳火山群の噴火により古上高地湖が誕生 ⇩P163
約6000年前	古上高地湖の決壊。 梓川、松本市方面へ流れ始める ⇩P164
約2300年前	焼岳 現在山頂にある溶岩ドームができる ⇩P142

誕生から約176万年経った穂高の稜線で、星々を眺める

穂高岳山荘前のテラスより天の川を撮影

地質図①

槍ヶ岳周辺

地質図Navi（参考資料⑳）の槍ヶ岳周辺をベースに、参考資料③の一部を描き足して作図しています。槍沢、飛騨沢からの登山にご利用ください

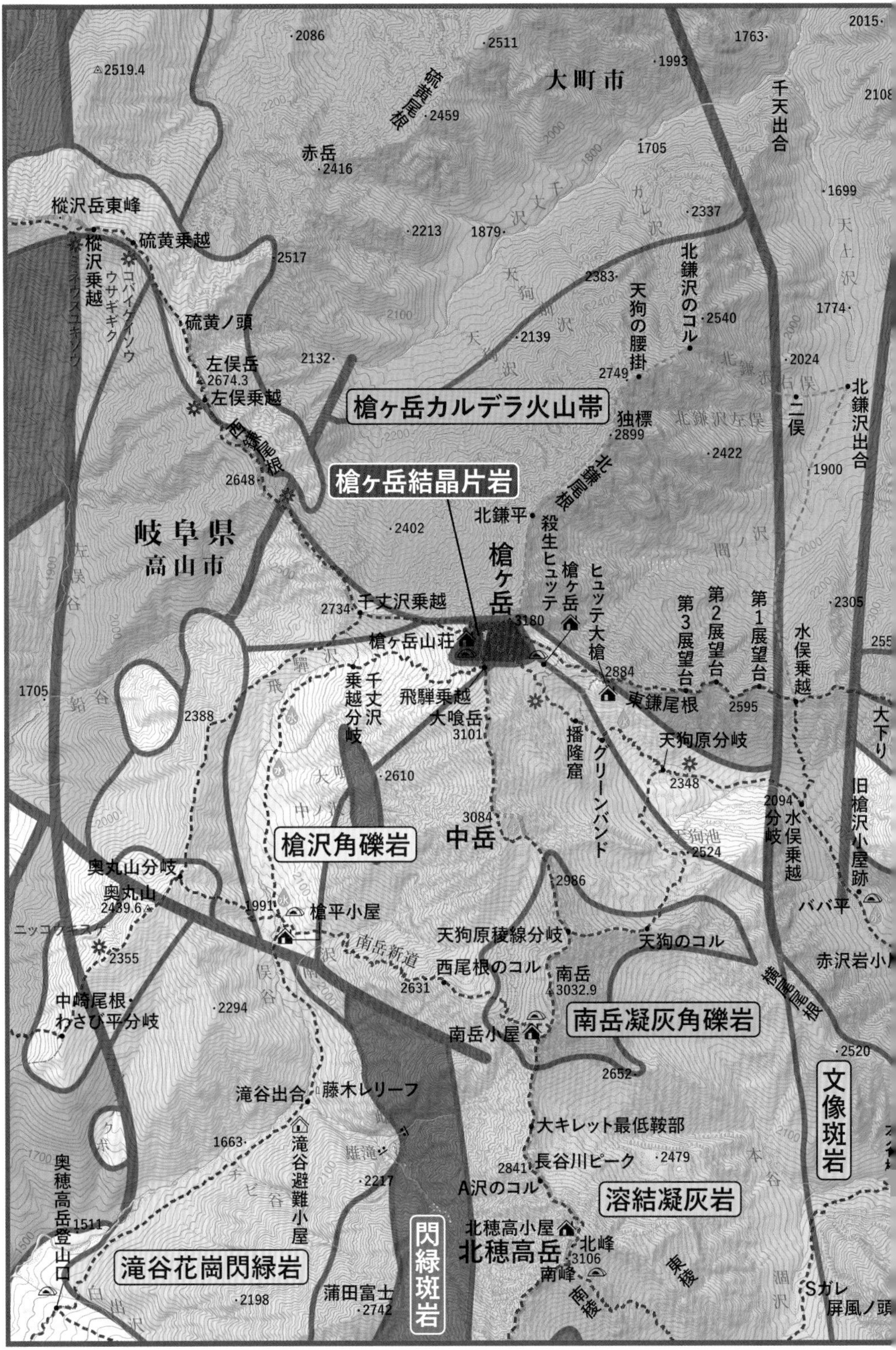

槍ヶ岳カルデラ火山帯
槍ヶ岳結晶片岩
槍沢角礫岩
南岳凝灰角礫岩
溶結凝灰岩
滝谷花崗閃緑岩
閃緑斑岩
文像斑岩
大町市
岐阜県
高山市
槍ヶ岳
3180
槍ヶ岳山荘
殺生ヒュッテ
ヒュッテ大槍
北鎌平
北鎌尾根
独標
2899
天狗の腰掛
北鎌沢のコル
千丈沢乗越
2734
飛騨乗越
大喰岳
3101
中岳
3084
南岳
3032.9
南岳小屋
天狗原稜線分岐
西尾根のコル
大キレット最低鞍部
長谷川ピーク
A沢のコル
北穂高小屋
北穂高岳
北峰
3106
南峰
南稜
東稜
東鎌尾根
第1展望台
第2展望台
第3展望台
水俣乗越
天狗原分岐
天狗池
天狗のコル
グリーンバンド
播隆窟
槍平小屋
南岳新道
千丈沢乗越分岐
滝谷出合
藤木レリーフ
滝谷避難小屋
蒲田富士
奥穂高岳登山口
奥丸山分岐
奥丸山
2439.6
ニッコウキスゲ
中崎尾根・わさび平分岐
縦沢岳東峰
縦沢乗越
硫黄乗越
硫黄ノ頭
左俣岳
2674.3
左俣乗越
西鎌尾根
ミヤマキンバイ
コバイケイソウ
ウサギギク
硫黄尾根
赤岳
2416
千天出合
北鎌沢出合
二俣
北鎌沢左俣
北鎌沢右俣
天上沢
千丈沢
天狗沢
ガレ沢
旧槍沢小屋跡
ババ平
赤沢岩小屋
横尾尾根
分岐
2094
大下り
Sガレ
屏風ノ頭
本谷
涸沢
飛騨沢
大喰沢
中ノ沢
左俣谷
鉛谷
チビ谷
雄滝
白出沢
2519.4
2086
2511
1763
2015
1993
2459
1705
2108
1699
2337
2213
1879
2517
2383
2540
1774
2139
2132
2749
2024
2422
1900
2648
2402
2305
2884
2595
2388
2610
2348
2524
2986
1991
2355
2631
2294
2652
2520
1663
2479
2841
2217
1511
2198
2742

地質図②

穂高岳・上高地周辺

地質図Navi（参考資料⑳）の穂高周辺をベースに、参考資料②の一部を描き足して作図しています。上高地散策、穂高への登山にご利用ください

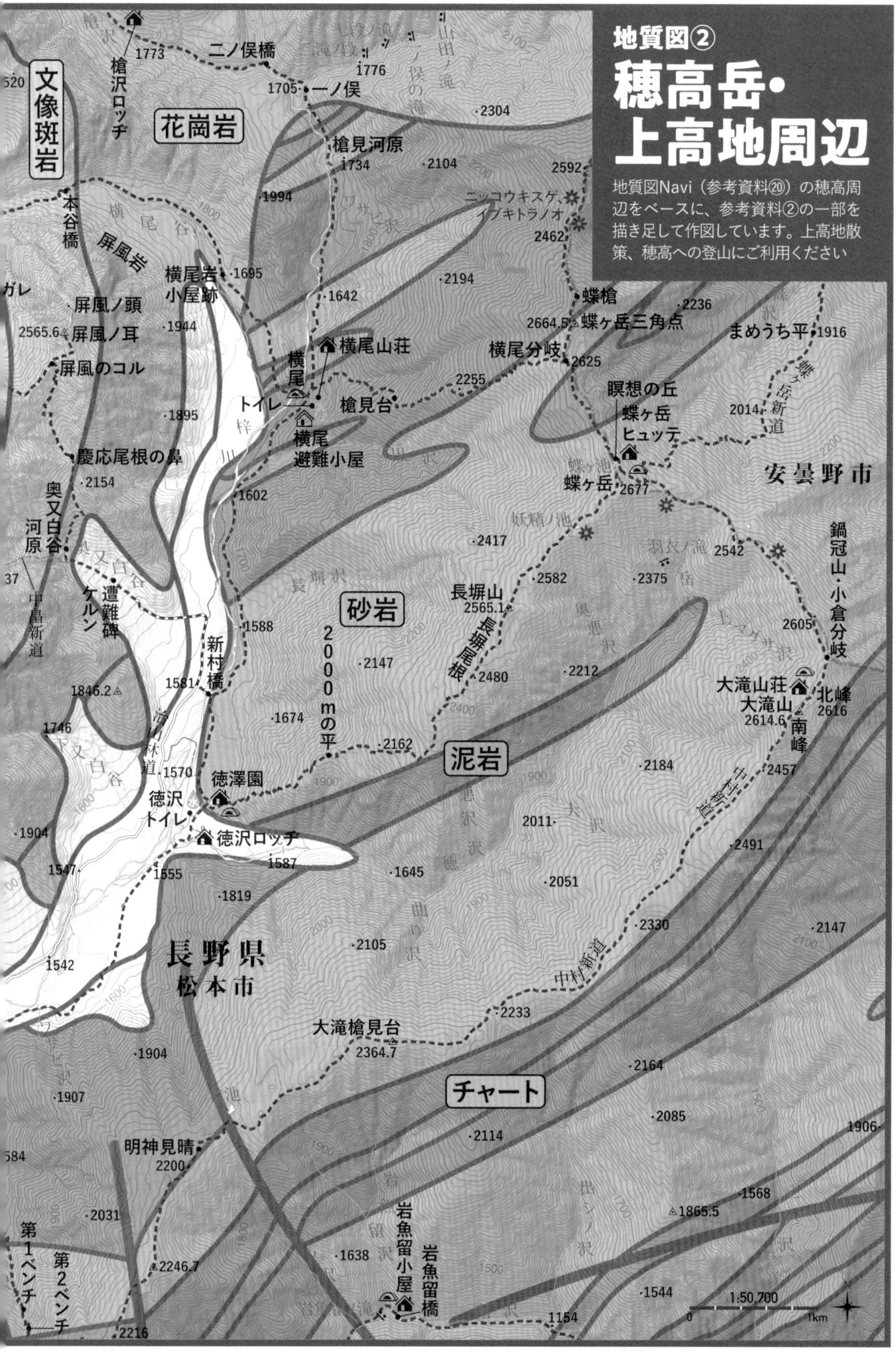

西尾根のコル
南岳 3032.9
南岳小屋
中崎尾根・わさび平分岐
2294
1447
左俣林道
1942
2652
滝谷出合
藤木レリーフ
中崎尾根
1402
わさび平小屋
滝谷避難小屋
1663
大キレット最低鞍部
長谷川ピーク
2479
2841
1700
2217
1816
A沢のコル
北穂高小屋
1511
北穂高岳
北峰 3106
南峰
南稜
東稜
閃緑斑岩
1595
奥穂高岳登山口
2198
蒲田富士 2742
涸沢岳 3103.3
白出のコル
涸沢小屋 2553
涸沢
2149
重太郎橋
1504
右俣林道
1845.5
2326
2983
荷継小屋跡
穂高岳山荘
涸沢ヒュッテ
1491
2004
岩切道
ジャンダルム 3163
奥穂高岳 3190
南稜ノ頭 3071
2794
五・六のコル
北尾根
穂高平小屋
穂高平
岐阜県
高山市
1946
2494
天狗のコル 2909
間ノ岳 2907
吊尾根
1507
2626
紀美子平
3090.5 前穂高岳
西穂高岳 2908.8
1877
岳沢パノラマ
西穂平
岳沢小屋
重太郎新道
1717
明神岳 2931
茶臼ノ
1880
ピラミッドピーク
2503
小屋見峠
西穂高口駅
1867
西穂独標 2701
溶結凝灰岩
2576
東稜
千石尾根
新穂高ロープウェイ
2171
2156.1
丸山 2452
2320
長七ノ頭
2726
東南稜
西穂山荘
1820
滝谷花崗閃緑岩
上高地・焼岳分岐
2219
岳沢風穴
明神南沢
1759
1845
2263.8
1944
山のひだや
自然探勝路
嘉門次小屋
穂高神社奥宮
明神館
1846
2181
1523
1519
岳沢湿原
明神池
明神
宝水
中尾根
上高地ルミエスタホテル
上高地温泉ホテル
アルペンホテル
ウェストン碑
上高地
中ノ瀬園地
上高地西糸屋山荘
五千尺ロッヂ
ホテル白樺荘
岳沢登山口
河童橋
森のリゾート小梨
2094
池
2194
1532
明神橋
上高地ビジターセンター
五千尺ホテル
トイレ
1660
上高地インフォメーションセンター
1864
2224.2
割谷山
上高地バスターミナル
西穂登山口
田代橋
上高地アルプス山荘
帝国ホテル前
2229
新中尾峠
焼岳小屋
1820
1918
六百山 2450.1
上高地帝国ホテル
1978
焼岳登山口
峠沢
2258
田代池
田代湿原
上高地自然研究路
2405
2009
1562
扇状地・崖錐
2068
1987
1922
2514

おわりに
20年越しの槍・穂高へのラブレター

2020年8月に長女を連れて、約20年ぶりに奥穂高の山頂に立ちました。世界はコロナ禍の真っただ中で、写真家としての仕事はすべて止まり、ようやく県を越えての移動が可能となったタイミングでの登山でした。久しぶりに眺める稜線からの風景は記憶の中の姿と変わらず、大学卒業後の数年間ですが北穂高小屋でアルバイトと居候を繰り返し、撮影に明け暮れた日々を懐かしく思い出していました。ただこの登山は回想などが目的ではなく、地形写真家としてもう一度、穂高の稜線を見直したいと思ってのことでした。これまでもずっとその思いはあったのですが、年齢的な衰えや、90kg近くまで増えてしまった体重のことを考え二の足を踏んでいたのです。

私が地形写真家を名乗り始めたのは2016年頃ですが、実は北穂で働きながら撮っていた頃から、上高地や涸沢の四季にはほとんど関心がなく、稜線の岩にばかりカメラを向けていました。それらをまとめる形で1996年に『ZEUS 神々の遊ぶ地』という写真集を出したのですが、その時の企画書がまだ本棚に残っています。「大地の背骨」というタイトルで、それこそ20年ぶりに読み返すと、槍・穂高の営みを「誕生」「氷河期」「大地の背骨（現在）」「悠久の時の流れ（未来）」に分けて構成するようなプランを考えていたようです。「今と何も変わらないな」と苦笑しつつも、地形写真家を名乗る前から私の根はここにあったのかと、進む方向を確信しました。写真集『ZEUS』は、企画書の「氷河期」「大地の背骨」などの地理学的要素を省き、「誕生」「未来」のパートを中心に、山々に流れる時間をイメージ化することで出版のOKが出ました。企画主旨に大きなずれはなく、本が出ること自体はとても嬉しかったのですが、い

写真集『ZEUS』の表紙とその企画書

ずれ「氷河期」「大地の背骨」でも本が出せたらと思っていました。

もうおわかりかと思いますが、本書がその時の思いに対する答えです。もちろん、それを持続していたわけではなく、やりたいことのリストの下の方にある程度でした。奥穂高への登山はその再興を狙ってのことではなく、あくまで穂高稜線を今の目線で確認したいと思った程度でした。でも不思議だったのは、何かに導かれるかのように撮らなければならないポイントが次から次へと見えてくるのです。出発前に穂高の地形・地質についての下調べはしましたし、地形写真家として活動するうちに地形を見る目も鍛えられたと思いますが、それだけではない何かがありました。今思うとそれは、地形を理解しようと懸命に穂高を見つめていた20年前の私の眼差しだったのでしょう。記憶の奥底に眠っていたものが、奥穂の山頂に立ったことで目を覚ましたのだと思います。もう後戻りはできず、出しそびれた槍・穂高へのラブレターを書くつもりで、槍ヶ岳から西穂高、焼岳、双六岳、常念岳、燕岳と2カ月間で立て続けに登り、すべての取材を終えました。年数をかけるつもりはなく、一座につき一度の登山ですべて撮ってこようと決めての取材でした。コロナ禍について軽々しく語ることはできませんが、やり残していた槍・穂高への想いを形にすることができて、その点に限ってはよかったと考えています。

前著『GEOSCAPE JAPAN』を担当して下さった山と溪谷社の吉野さんには、今回もお世話になりました。地質という特異なジャンルに対して難色を示す吉野さんでしたが、「竹下さんの熱量に押し切られました」と企画会議に通った報告をくださった時に笑っておられたのが印象的でした。そして原山智先生には感謝の言葉しかありません。写真集『ZEUS』を出した7年後の2003年、原山先生が一般向きに書かれた『超火山「槍・穂高」』が山と溪谷社から出版されました（2014年、『「槍・穂高」名峰誕生のミステリー』と改題し再販）。書店でそれを見つけた時はすぐさま買い求め、一気に読みました。残念だったのは私はこの時すでに登山をやめており、風景一般を撮影していました。興奮の読後でしたが「あの当時にこの本を読んでいたら」と思ったものです。今もしその当時に戻れるなら、「二十数年後、その原山先生と名前を連ねて槍・穂高の本が出せるんだよ」と自分に声をかけてやりたいです。人生の巡りは不思議で、その間に槍・穂高がそびえています。

竹下光士

01～22／参考資料一覧

①「槍・穂高」名峰誕生のミステリー　原山 智・山本 明　山と溪谷社　2014年
②上高地地域の地質　原山 智　地質調査所　1990年
③槍ヶ岳地域の地質　原山 智・竹内 誠・中野 俊・佐藤岱生・滝沢文教　地質調査所　1991年
④石ころ博士入門　高橋直樹・大木淳一　全国農村教育協会　2015年
⑤ヤマケイアルペンガイド 槍・穂高連峰 渡辺幸雄　山と溪谷社　2019年
⑥氷河地形学　岩田修二　東京大学出版会　2011年
⑦日本の火山に登る　及川輝樹・山田久美　山と溪谷社　2020年
⑧日本列島の下では何が起きているのか　中島淳一　講談社　2018年
⑨山が楽しくなる地形と地学　広島三朗　山と溪谷社　2008年
⑩山と氷河の図譜 五百澤智也山岳図集　五百澤智也　ナカニシヤ出版　2007年
⑪とやまと自然　立山連峰の氷河と万年雪　福井幸太郎・飯田 肇　富山市科学博物館　2014年
https://cir.nii.ac.jp/crid/1050001202929589632
⑫上高地盆地の地形形成史と第四紀槍・穂高カルデラ—滝谷花崗閃緑岩コンプレックス　原山 智　2015年
https://www.jstage.jst.go.jp/article/geosoc/121/10/121_2015.0032/_article/-char/ja/
⑬槍・穂高連峰に分布する最低位ターミナルモレーンの形成年代　伊藤真人・正木智幸　1989年
https://www.jstage.jst.go.jp/article/grj1984a/62/6/62_6_438/_article/-char/ja/
⑭北アルプス南部，蒲田川，右俣谷の氷河地形　伊藤真人　1982年
https://www.jstage.jst.go.jp/article/jgeography1889/91/2/91_2_88/_article/-char/ja/
⑮焼岳火山群の地質　火山発達史と噴火様式の特徴　及川輝樹　2002年
https://www.jstage.jst.go.jp/article/geosoc1893/108/10/108_10_615/_article/-char/ja/
⑯北アルプス穂高連峰の隆起に関する測地学的検証　一等三角点穂高岳でのGNSS観測　西村卓也　2013年
https://jglobal.jst.go.jp/detail?JGLOBAL_ID=201402237986301536
⑰横尾岩小屋モレーンより低位置で発見された氷河性堆積物の可能性をもつ岩屑
石橋真那美・苅谷愛彦・目代邦康　日本地球惑星科学連合2019年大会
https://confit.atlas.jp/guide/event-img/jpgu2019/MIS20-P05/public/pdf?type=in&lang=ja
⑱九州大学　インターネット博物館　「雲仙普賢岳の噴火とその背景」
http://museum.sci.kyushu-u.ac.jp/
⑲奈良大学リポジトリ　「北アルプス燕岳周辺の地形　地生態学的視点から」都筑密乗　2005年
http://repo.nara-u.ac.jp/modules/xoonips/detail.php?id=AN10533924-20050300-1039
⑳地質図表示システム 地質図Navi　総産研 地質調査総合センター
https://gbank.gsj.jp/geonavi/

その他、書籍・論文・Webページ・ジオパーク関連サイトなど、多数を参考にしました。

地質探偵ハラヤマのコラム①･②／引用文献

①原山 智（1990）上高地地域の地質．地域地質研究報告（5万分の1地質図幅）．地質調査所，175頁
②原山 智・宮村 学・吉田史郎・三村弘二・栗本史雄（1990）御在所山地域の地質．(5万分の1地質図幅)．地質調査所，145頁
③柴田 賢・加藤祐三・三村弘二（1984）甲府市北部の花崗岩類とその関連岩のK-Ar年代．地質調査所月報、35巻、19-24頁．
④金子智幸・山崎正男・佐藤博明（1976）飛騨山地に分布する高原火砕流堆積物について（演旨)。火山，第2集，21巻、127-128頁．
⑤山田直利・足立 守・梶田澄雄・原山 智・山崎晴雄・豊 遙秋（1985）高山地域の地質．(5万分の1地質図幅) .地質調査所，111頁．
⑥山田直利・加藤碩一・小野晃司・岩田 修（1985）北アルプス周辺地域の鮮新世-更新火山岩類のK-Ar年代．地質調査所月報，36巻，539-549頁．
⑦Harayama, S. (1992) Youngest exposed granitic pluton on Earth：Cooling and rapid uplift of the Pliocene-Quaternary Takidani Granodiorite in the Japan Alps, central Japan. Geology, ２０, 657-660.
⑧Sano, Y., Tsutsumi, Y., Terada, K. and Kaneoka, I. (2002) Ion microprobe U-Pb dating of Quaternary zircon：implication for magma cooling and residence time. J. Volcanol. Geotherm. Res., １１７, 3-4, 285-296.
⑨服部健太郎（2019）レーザーアブレーション-誘導結合プラズマ質量分析法を用いたジルコンU-Pb年代測定による滝谷花崗閃緑岩体の冷却史推定. 東京大学博士論文
⑩Spencer C. J., Danisik M., Ito, H., Holland C., Tapster S., MacDonald B. and Evans N. J. (2019) Rapid exhumation of the Earth's youngest exposed granites driven by subduction of oceanic arc. Geophysical Research Letters, 46, 1259-1267.

（右）**竹下光士／たけした みつし**
写真・文・イラスト

1965年、京都市生まれ。地形写真家。武蔵野美術大学油絵学科卒業。北穂高小屋にアルバイトとして勤務しながら写真撮影を始める。1996年、写真集『ZEUS 神々の遊ぶ地』（青菁社）。1998年、写真集『天の刻』（同前）。2016年、活動タイトルを「GEOSCAPE」として地形撮影を開始。2020年、ガイド&写真集『GEO SCAPE JAPAN』（山と溪谷社）。2022年、東京・大阪のニコンプラザにて写真展「MTL　中央構造線」。現在、日本自然科学写真協会会員、日本地質学会会員。
http://geo-scape.com

（左）**原山 智／はらやま さとる**
地質探偵ハラヤマのコラム・全編監修

1953年、長野県岡谷市生まれ。東京教育大学理学部地学科地質学鉱物学専攻。京都大学大学院博士課程修了。理学博士。通産省工業技術院地質調査所（当時）を経て、1997年から信州大学理学部助教授。現在、理学部名誉教授。専門は地質学。北アルプスの成り立ちなど、断層やマグマ活動による山脈形成過程の研究を一環して行ってきた。ヤマケイ文庫『「槍・穂高」名峰誕生のミステリー 地質探偵ハラヤマ出動』（山と溪谷社）ほか、著書、共著多数。

STAFF

装丁・本文デザイン	朝倉久美子
DTP・地図製作	千秋社
校正	與那嶺桂子
編集	吉野徳生（山と溪谷社）

槍　穂高　上高地

地学ノート

地形を知れば 山の見え方が変わる

発行日	2023年7月5日　初版第1刷発行
著者	竹下光士、原山 智
発行人	川崎深雪
発行所	株式会社 山と溪谷社 〒101-0051 東京都千代田区神田神保町 1丁目105番地 https://www.yamakei.co.jp/
印刷・製本	図書印刷株式会社

■**乱丁・落丁、及び内容に関するお問合せ先**
山と溪谷社自動応答サービス
電話 03-6744-1900
受付時間 11時～16時（土日、祝日を除く）
メールもご利用ください。
［乱丁・落丁］service@yamakei.co.jp
［内容］info@yamakei.co.jp

■**書店・取次様からのご注文先**
山と溪谷社受注センター
電話048-458-3455　FAX048-421-0513

■**書店・取次様からのご注文以外のお問合せ先**
eigyo@yamakei.co.jp

＊定価はカバーに表示してあります。
＊乱丁・落丁本は送料小社負担にてお取り替えいたします。

ISBN978-4-635-53072-9